# 导弹作战保障指挥决策方法

汪民乐　杨铁见　李晓光　刘士刚　著

西北工业大学出版社

西　安

【内容简介】 本书以作战保障指挥理论和现代决策方法为基础,依据导弹力量建设与未来作战对导弹作战保障所提出的新要求,针对导弹作战保障指挥中所面临的主要决策问题,在导弹作战保障指挥决策方法方面进行深入研究,系统分析导弹作战保障指挥决策的基本概念、主要问题和一般流程,建立导弹装备保障和导弹后勤保障指挥决策模型,提出相应的指挥决策方法,进行导弹作战保障指挥决策系统的总体设计。本书内容对导弹作战保障指挥决策的科学化具有参考作用。

本书可作为导弹研制和采办部门中从事导弹武器装备保障性分析与论证人员、作战部队中从事导弹作战保障指挥和导弹武器装备维护保障人员以及从事与导弹作战保障相关工作人员的参考用书。

**图书在版编目(CIP)数据**

导弹作战保障指挥决策方法 / 汪民乐等著. —西安:西北工业大学出版社,2021.1
　ISBN 978-7-5612-7491-0

Ⅰ. ①导… Ⅱ. ①汪… Ⅲ. ①导弹-装备保障-军队指挥 Ⅳ. ①E927

中国版本图书馆 CIP 数据核字(2020)第 267098 号

DAODAN ZUOZHAN BAOZHANG ZHIHUI JUECE FANGFA
**导 弹 作 战 保 障 指 挥 决 策 方 法**

| | | | |
|---|---|---|---|
| 责任编辑:孙　倩 | | 策划编辑:雷　鹏 | |
| 责任校对:朱辰浩 | | 装帧设计:李　飞 | |

出版发行:西北工业大学出版社
通信地址:西安市友谊西路127号　　　邮编:710072
电　　话:(029)88491757,88493844
网　　址:www.nwpup.com
印 刷 者:兴平市博闻印务有限公司
开　　本:710 mm×1 000 mm　　1/16
印　　张:12.625
字　　数:262 千字
版　　次:2021 年 1 月第 1 版　　2021 年 1 月第 1 次印刷
定　　价:88.00 元

如有印装问题请与出版社联系调换

# 前　言

　　20世纪90年代至今发生的局部战争表明,在信息化战争中,导弹力量的地位和作用越来越重要,类似于远程打击、防区外攻击、超视距作战以及非接触作战等新概念和新战术已经形成并在实战中经受了检验。为此,提高导弹力量的作战能力已成为世界上许多军事强国追求的共同目标,而导弹作战保障在保持和发挥导弹武器装备的作战效能,保证导弹力量作战行动的顺利实施方面的作用越来越重要。换言之,未来战争中导弹力量的作战行动对导弹作战保障的依赖程度越来越高,导弹作战保障已成为导弹力量作战能力中越来越突出的构成要素。

　　目前,在导弹作战保障领域,迫切需要系统、全面的导弹作战保障指挥决策理论和方法作为指导,本书正是基于这一需要,在笔者多年研究成果的基础上,参考国内外大量文献撰写而成的。本书以作战保障指挥理论和现代决策方法为基础,针对导弹作战保障指挥中面临的主要决策问题,以提高导弹作战保障指挥决策的科学性和合理性为目的开展研究,主要内容包括以下三部分:

　　(1)导弹力量作战保障指挥决策导论。针对目前常规导弹力量装备保障指挥决策中存在的问题和不足,确立常规导弹力量装备保障指挥决策应遵循的原则,分析常规导弹力量装备保障指挥决策的一般方法,提出常规导弹力量装备保障指挥决策的主要内容,并对联合作战中常规导弹力量后勤保障指挥决策的概念、原则和特点进行系统分析,对常规导弹力量后勤保障指挥决策的程序进行探讨研究,在此基础上对常规导弹力量后勤保障指挥决策的主要内容进行概括总结。

　　(2)导弹力量作战中的装备保障指挥决策方法。针对当前常规导弹力量装备保障指挥中的主要决策问题,构建信息化条件下常规导弹力量装备保障指挥决策体系结构;依据装备保障精确指挥的需要,建立装备保障需求量优化计算模型,并给出求解该模型的遗传模拟退火算法;将战场态势抽象为动态网络图。根据装备保障指挥辅助决策的需要,通过基于信息熵的决策方法,建立常规导弹力量装备保障指挥辅助决策模型,并给出基于改进匈牙利算法的求解方法;提出常规导弹力量装备保障指挥决策方案的可行性评价指标体系,并运用模糊综合评价方法对常规导弹力量装备保障指挥决策方案的可行性进行实际评估;对常规导弹力量装备保障指挥辅助决策系统的总体设计进行初步研究,并探讨其可视化建模方法,为常规导弹力量装备保障指挥辅助决策系统的实现打下基础。

（3）导弹力量作战中的后勤保障指挥决策方法。针对联合作战中常规导弹力量后勤保障指挥的主要决策问题，系统分析常规导弹力量后勤保障指挥决策的内部环境和外部环境，提出常规导弹力量后勤保障指挥决策的一般过程；研究常规导弹力量后勤保障指挥决策的一般方法，分析定性方法、定量方法及定性定量综合集成等各种决策方法在常规导弹力量后勤保障指挥中运用的策略，从而为各种决策方法在常规导弹力量后勤保障指挥中的实际应用提供有益的参考；运用军事建模方法，针对联合作战中常规导弹力量后勤保障的特点，对后勤专业保障中的经费需求、减员率预测、任务量预测、保障道路优化、仓库选址优化、物资调配供应优化和后勤保障能力评估等问题，建立相应的决策支持模型，并应用于常规导弹力量后勤保障指挥决策实践；以信息化战争发展趋势为牵引，对常规导弹力量后勤保障指挥智能决策支持系统的总体设计进行初步研究，为常规导弹力量后勤保障指挥智能决策支持系统的实现打下基础。

本书由汪民乐提出立题，并设计全书总体框架和编写纲目，由汪民乐、杨铁见、李晓光和刘士刚共同撰写，最后由汪民乐对全书进行修改和统稿。本书的编著与出版受到军队院校"双重"建设工程及火箭军工程大学学术专著出版基金的资助，并得到火箭军工程大学基础部的领导和同事们的大力支持与帮助。同时在本书编写过程中也参阅了国内外学者的相关文献、资料，在此一并致谢！

由于水平所限，书中疏漏之处在所难免，恳请读者批评指正！

著 者

2020 年 6 月

# 目　　录

## 第1篇　导弹力量作战保障指挥决策导论

**第1章　导弹力量作战中的装备保障指挥决策导论** 3
- 1.1　引言 3
- 1.2　国内外研究现状 4
- 1.3　导弹力量作战中的装备保障指挥决策的系统分析 6
- 1.4　导弹力量作战中的装备保障指挥决策研究的主要内容 12
- 本章小结 13
- 参考文献 13

**第2章　导弹力量作战中的后勤保障指挥决策导论** 14
- 2.1　引言 14
- 2.2　研究的目的和意义 15
- 2.3　国内外研究现状 17
- 2.4　导弹力量作战中的后勤保障指挥决策的系统分析 19
- 2.5　导弹力量作战中的后勤保障指挥决策研究的主要内容 23
- 本章小结 23
- 参考文献 23

## 第2篇　导弹力量作战中的装备保障指挥决策方法

**第3章　常规导弹力量装备保障指挥决策体系** 27
- 3.1　引言 27
- 3.2　常规导弹力量装备保障指挥决策体系的现状 27
- 3.3　常规导弹力量装备保障指挥决策体系的不足 28
- 3.4　信息化条件下的常规导弹力量装备保障指挥决策体系结构 29

本章小结 …………………………………………………………… 35
参考文献 …………………………………………………………… 35

## 第4章 常规导弹力量装备保障指挥决策中的保障装备需求分析 …… 37

4.1 引言 ………………………………………………………… 37
4.2 常规导弹力量保障装备需求建模准备 ………………………… 37
4.3 常规导弹力量保障装备需求模型 ……………………………… 38
4.4 常规导弹保障装备需求模型求解 ……………………………… 40
本章小结 …………………………………………………………… 44
参考文献 …………………………………………………………… 44

## 第5章 常规导弹力量装备保障指挥辅助决策建模 ………………… 46

5.1 引言 ………………………………………………………… 46
5.2 常规导弹力量装备保障指挥辅助决策建模准备 ……………… 46
5.3 常规导弹力量装备保障指挥辅助决策建模方法 ……………… 55
5.4 仿真实验 …………………………………………………… 60
本章小结 …………………………………………………………… 71
参考文献 …………………………………………………………… 71

## 第6章 常规导弹力量装备保障指挥决策方案可行性评估 ………… 73

6.1 引言 ………………………………………………………… 73
6.2 常规导弹力量装备保障指挥决策方案可行性评估指标体系 … 73
6.3 常规导弹力量装备保障指挥决策方案可行性的模糊多级综合评判
    ……………………………………………………………… 74
6.4 评估示例 …………………………………………………… 79
本章小结 …………………………………………………………… 81
参考文献 …………………………………………………………… 82

## 第7章 常规导弹力量装备保障指挥辅助决策系统总体设计 ……… 83

7.1 引言 ………………………………………………………… 83
7.2 常规导弹力量装备保障指挥辅助决策系统功能设计 ………… 84
7.3 常规导弹力量装备保障指挥辅助决策系统体系结构设计 …… 85
7.4 常规导弹力量装备保障指挥辅助决策系统关键技术 ………… 87
本章小结 …………………………………………………………… 91

参考文献 ································································································ 91

## 第 8 章　常规导弹力量装备保障指挥辅助决策系统可视化建模技术 ········ 92

8.1　引言 ······························································································· 92
8.2　常规导弹力量装备保障指挥辅助决策系统可视化建模方法 ······ 92
8.3　常规导弹力量装备保障指挥辅助决策系统可视化建模过程 ······ 103
8.4　常规导弹力量装备保障指挥辅助决策系统可视化模型 ·············· 105
本章小结 ······························································································· 113
参考文献 ······························································································· 114

# 第 3 篇　导弹力量作战中的后勤保障指挥决策方法

## 第 9 章　常规导弹力量后勤保障指挥决策环境分析 ······························· 117

9.1　引言 ······························································································· 117
9.2　联合作战中常规导弹力量后勤保障指挥决策的内部环境分析 ····· 117
9.3　联合作战中常规导弹力量后勤保障指挥决策的外部环境分析 ····· 121
本章小结 ······························································································· 123
参考文献 ······························································································· 123

## 第 10 章　常规导弹后勤保障指挥决策过程分析 ······································· 124

10.1　引言 ····························································································· 124
10.2　后勤保障决策问题分析 ······························································· 124
10.3　后勤保障决策目标的确定 ··························································· 125
10.4　后勤保障决策影响因素分析 ······················································· 126
10.5　后勤保障决策方案拟制 ······························································· 127
10.6　后勤保障决策方案抉择 ······························································· 127
10.7　后勤保障决策反馈跟踪 ······························································· 128
本章小结 ······························································································· 128
参考文献 ······························································································· 129

## 第 11 章　常规导弹力量后勤保障指挥决策的一般方法 ··························· 130

11.1　引言 ····························································································· 130
11.2　联合作战中常规导弹力量后勤保障决策方法分类 ··················· 130

11.3 联合作战中常规导弹力量后勤保障定性决策法 …………… 131
11.4 联合作战中常规导弹力量后勤保障定量决策法 …………… 134
11.5 联合作战中常规导弹力量后勤保障定性定量综合集成决策法 …… 141
本章小结 …………………………………………………………… 153
参考文献 …………………………………………………………… 153

## 第 12 章 常规导弹力量后勤保障指挥决策支持模型 …………… 155

12.1 引言 …………………………………………………………… 155
12.2 常规导弹力量后勤保障决策分析模型 ……………………… 155
12.3 常规导弹力量后勤保障需求预测模型 ……………………… 160
12.4 常规导弹力量后勤保障决策优化模型 ……………………… 166
12.5 常规导弹力量后勤保障能力评估模型 ……………………… 177
本章小结 …………………………………………………………… 183
参考文献 …………………………………………………………… 183

## 第 13 章 常规导弹力量后勤保障指挥智能决策支持系统总体设计 ……… 185

13.1 引言 …………………………………………………………… 185
13.2 常规导弹力量后勤保障指挥智能决策支持系统的概念设计 …… 185
13.3 常规导弹力量后勤保障指挥智能决策支持系统的功能设计 …… 188
13.4 常规导弹力量后勤保障指挥智能决策支持系统的总体结构设计
 ………………………………………………………………… 190
13.5 常规导弹力量后勤保障指挥智能决策支持系统开发环境 …… 193
本章小结 …………………………………………………………… 194
参考文献 …………………………………………………………… 194

# 第1篇 导弹力量作战保障指挥决策导论

# 第1章　导弹力量作战中的装备保障指挥决策导论

## 1.1　引　　言

随着新军事变革的不断深入,世界上一些军事强国如美国、俄罗斯等,正在大力进行作战思想、作战形态和作战模式的改革和创新,这必然引起未来作战的行动节奏加快,对包括装备保障指挥在内的作战指挥决策提出新的要求[1]。新时期军事战略方针要求我军必须打赢现代高技术,特别是信息化条件下的局部战争,而现代战争突发性强,战役战斗节奏快、进程短,战场情况瞬息万变,使得装备保障组织指挥的时限大为缩短。现代战争战场信息量剧增,指挥跨度增大、层次提高,协同控制难度增加,各项装备保障任务繁重,造成装备部门组织协同、拟制保障计划等工作量剧增[2]。目前,北约的快速反应部队,只需经过2~4昼夜的准备,即可到达世界的任何地区。美国向欧洲空运一个加强旅只需1天,其洲际弹道导弹的反应时间最多也只有 20 min 左右,战役、战术导弹的反应时间长则几分钟,短则只有数秒钟。同时,作战的快节奏也对装备的时效性提出了更高的要求,大量新武器的涌现,特别是高技术武器装备的广泛使用,致使现代战场的变化更加捉摸不定。频繁的攻防转换、超视距打击、导弹战、电子战、网络战等,都给战场变化带来了大量的未知因素,需要装备保障指挥人员能够实时了解战场情况并对其进行干预,在极短的时间内综合考虑各方面因素,制定对策,果断处置各种情况。传统的装备保障指挥手段不具备快速反应能力,难以适应现代战争快节奏的需要。实践表明,指挥信息系统是军队战斗力的倍增器,加强我军装备保障指挥信息化建设刻不容缓。实现装备保障指挥信息化,对装备保障、作战实施高效的指挥是现代战争的必然要求。因此,军队建设不但要瞄准打赢高技术条件下信息化的局部战争,而且要瞄准打赢高技术条件下信息化的局部战争;不但要重视作战装备整体的信息化建设,还要重视指挥信息系统一体化建设水平的提高。指挥信息系统的一个重要构成是辅助决策系统,而指挥信息系统的一个重要功能就是辅助指挥员进行科学、高效的指挥决策[3]。在信息化战争中,通过大量的信息化装备,运用一体化指挥信息系统,指挥员能够不间断地获取有关信息,随时掌握战场上的装备保障态势,及时接收和下达装备保障指令。各级指挥员之间、指挥员与保障人员之间能够真正实现相关装备保障资源的共享,实现保障信息的双向实时传递。

常规导弹在几场局部战争中发挥了举足轻重的作用。例如,在两伊战争期间,伊朗和伊拉克曾使用导弹互相打击对方的城市目标,给交战双方造成了重大损失;在海湾战争中,伊拉克曾使用常规地对地导弹打击多国部队,给多国部队的行动带来了不少麻烦。拥有强大空中优势的美军,也很重视常规地对地导弹,特别是巡航导弹的发展;俄军也把常规地对地导弹作为一种重要的纵深打击武器而大力发展[4]。因此,常规导弹在局部战争中的作用与日俱增,也受到了越来越多的关注。

对常规导弹来说,其装备复杂多样、作战机动范围较大、战场环境复杂多变,现行的装备保障指挥方式已经不能适应信息化作战的要求,但目前我军常规导弹力量的装备保障指挥还停留在装备管理系统和装备质量监控系统阶段,装备保障指挥决策主要通过决策者的主观判断和分析,这大大制约了常规导弹力量的作战能力与反应能力,因此,目前常规导弹力量的装备保障指挥能力还远远不能满足现代导弹作战快速反应、快速突击的要求,必须研发适应于我军常规导弹力量的装备保障指挥决策系统,这也是知识型现代化战争的需求。由此可见,开展信息化条件下常规导弹力量的装备保障指挥辅助决策方法与辅助决策系统研究,实现常规导弹装备保障行动的合理指挥与调度,从而达到常规导弹作战的快速反应目标,已成为当务之急。

## 1.2 国内外研究现状

装备保障指挥是装备保障决策者对装备保障行动进行的运筹决策、计划和协调控制活动,是作战指挥决策的重要组成部分,而信息化条件下装备保障指挥则要实现对装备工作的集中统一领导和对装备的全系统、全寿命保障[5]。由于电子信息技术的发展及计算机在作战指挥系统中的运用,指挥手段得以由机械化向半自动化和自动化方向发展,装备保障指挥决策系统也在不断完善之中。

信息化条件下的装备保障指挥研究最早是在20世纪90年代由美国开始研究的,目前这方面的研究资料较少。美军当时的主要目标是实现装备保障可视化,这是美国国防部后勤发展战略计划的重要内容。其总体目标就是利用信息技术来改造后勤保障,提升后勤保障能力。具体思想是:在强调物资预储的同时,采用适时、适地、适量的补给原则和直达可视的运输方式,以高速、面向士兵、精确、可视为目标,达到精确保障的目的[6]。目前,美国对这方面的研究主要是利用计算机模拟实现,而且装备保障指挥模拟系统的开发还处于起步阶段。当前比较典型的想定辅助开发系统有美军联合训练管理项目设计工具,美国空军研究实验室研制的空军防空演习规划工具(Air Defense Exercise Planning Tool,ADEPT),宙斯盾研究公司(Aegis Research Corporation)和军方联合开发的想定生成套装工具(Scenario Generation Toolset,SGT),加拿大VPI公司的想定工具箱与生成环境(Scenario

Tool kit And Generation Environment，STAGE)，以及 MAK 公司的虚拟兵力系统。在美国的影响下，北约的主要成员英国、法国、德国、意大利等国，俄罗斯、日本、印度、韩国等国以及我国的台湾地区等都对这方面进行了大量的研究，并且取得了很多成果。

当前，以美军为主的西方军事强国的装备保障指挥辅助决策系统已进入了全面应用阶段。例如，德国的空军装备机动指挥中心已装备部队，用于在和平时期和战时防空部队和空军部队的装备指挥，德国的陆军装备保障指挥控制信息系统也已开始在德国陆军中服役。同样，俄罗斯的陆军和海军也配备了新型装备保障指挥系统。

我军在装备保障指挥决策方面的研究起步较晚，但是也已经有不少专家学者对空军、陆军、海军和一体化联合作战的装备保障指挥决策方式方法。对方法进行了大量的研究，使得装备保障指挥决策理论不断完善。不仅如此，一些部队和单位已经将理论和实践结合，取得了一定的成果，特别是在作战指挥辅助系统方面成果比较多，在装备保障指挥方面也有一些成果，如空军后勤学院研制的装备可视化保障指挥系统，原济南军区研制开发的某新型野战指挥系统等。但是总体来看，对于装备保障指挥决策理论的研究，与其他发达国家相比，我军的理论研究水平比较低，尚不能满足指挥自动化系统的总体建设要求，主要表现在以下三方面[7-9]：

(1) 缺乏面向分布的、体系完善的、先进可行的系统建模方法及实现技术框架。目前，在整个指挥信息系统建设领域，还不是面向基于知识表达及推理的建模方法，从而无法组织和抽象出更高层次的构建单元对作战系统组元之间丰富的交互行为进行完整地抽象，亦无法充分表达作战系统动态组织结构的复杂性。这是影响系统互操作性、重用性、可维护性、可扩展性及可靠性等指标的深层原因。

(2) 缺乏基于"智能"的信息处理平台。在文书处理方面仍停留在"模板＋填空"的初级方式，对数据仓库、数据挖掘和地理信息系统等进入商业实用的技术还没有充分应用到部队的管理、训练、指挥中。

(3) 忽视了卫星遥感信息的综合利用，从而无法利用未来战争中最有效的信息源提供的"地球空间"信息流，为指挥信息系统提供全方位、多维度的高精度数据平台，实时有效地形成战场态势及完成目标定位与跟踪。

就我军的常规导弹力量装备保障现状而言，到目前为止还没有形成完善的常规导弹力量装备保障指挥辅助决策系统，也未对其进行系统深入的研究，常规导弹力量的装备保障指挥决策仅靠战前的推演和指挥员的主观判断能力，难以为装备保障指挥提供可靠的决策依据，由此可见，我军常规导弹力量的装备保障指挥决策水平与发达国家还存在一定的差距，因此，有必要对常规导弹力量的装备保障指挥辅助决策问题进行深入研究，针对常规导弹力量装备多、型号复杂和指挥难度大等特点，实现装备保障指挥的信息化、自动化与智能化，这既是未来高技术战争对导弹力量保障提出的新要求,也是导弹力量建设发展的大趋势[10]。

## 1.3　导弹力量作战中的装备保障指挥决策的系统分析

根据常规导弹力量装备保障指挥决策的任务,常规导弹力量装备保障指挥决策主要包括装备维修保障指挥决策和装备作战保障指挥决策两方面。对于常规导弹力量来说,装备的维修保障指挥决策主要是制定装备的维护、抢修与供给方案,特别是特种装备的维修与供给;装备的作战保障指挥决策主要是根据作战任务确定主战装备需求,并依据主战装备的性能、状态,制定主战装备的选择、调度与运用方案,以保障发射任务的顺利完成。下面对常规导弹力量的两类装备保障指挥决策分别进行分析。

### 1.3.1　导弹力量装备维修保障指挥决策的系统分析

#### 1.3.1.1　导弹力量装备维修保障指挥决策遵循的原则

对常规导弹力量来说,装备分布范围比较广,装备的保障力量也比较分散,但常规导弹力量的作战行动对各项装备维修保障却有很强的依赖性,如果保障不及时或保障环节出现失误,或保障过程受到破坏,都将对作战造成损失。为了使各项保障都能得到全面的落实,并能够随时适应各种复杂情况,必须合理使用各种保障力量,综合运用多种保障手段,全面提高保障能力。因此,常规导弹的装备保障指挥决策问题是一个亟待解决的问题。如何对装备保障力量合理地调度分配,使得保障力量充分发挥能力,并能够合理高效地对常规导弹力量的特种装备和一般装备及时地进行保障是研究的重点。

在战争状态下,常规导弹力量的战斗力主要体现在主战装备的战斗力上,而其中的特种装备在战斗力的发挥上起着更为重要的作用,所以,在常规导弹力量的装备维修保障方面,在保证尽可能减少装备的危险度尤其是特种装备危险度的情况下,首先应该完成对特种装备的维修保障,基于此,常规导弹力量的装备维修保障指挥决策应遵循以下原则[11-12]:

(1)由于特种装备对常规导弹力量的战斗力有重要的影响,而特种装备的特征比较明显、危险系数较高,因此,当特种装备所处的位置相对比较安全时,在对装备进行保障时应尽可能地减少特种装备的移动,而装备如果需要移动则应该从危险系数高的区域向危险系数低的区域移动。

(2)在特种装备与一般装备同时需要保障的情况下,如果装备保障力量能够同时对需要进行保障的装备进行保障,那么对特种装备的保障和对一般装备的保障应同时进行。但是,由于特种装备决定着常规导弹力量的战斗力,所以,即使能够对一般装备和特种装备同时进行保障,在保障力量的分配以及保障方案的选择上也要充分考虑特种装备的安全,以及尽可能快速地实现对特种装备的保障。

(3) 在保障过程中,当保障力量不能同时对特种装备和一般装备进行保障时,应首先保证对特种装备的保障,在此基础上再对一般装备进行保障。

(4) 在对同一类装备进行保障时,应首先对状态处在有利于执行任务的装备进行保障。例如,对特种装备应首先对配弹状态的特种装备进行保障,然后对无弹状态的特种装备进行保障;对于同状态的装备,应按照性能好的装备先保障,性能差的装备后保障的顺序进行保障。这种保障方式能够最大限度地发挥常规导弹装备维修保障力量的整体效能。

### 1.3.1.2 导弹力量装备维修保障指挥决策方法分析

根据对常规导弹力量装备维修保障指挥决策原则的分析,常规导弹力量装备维修保障指挥决策方法主要有以下步骤:

第一步,确定需要保障的装备具体信息,包括位置、装备类型和装备性能等,确定所有维修保障力量的位置、类型(固定或机动),并确定各维修保障力量的保障类型。

第二步,按照常规导弹力量装备维修保障指挥决策的原则制定装备维修保障指挥决策方案。

寻找最优装备维修保障指挥决策方案的过程,实际上是一个维修保障任务分配问题。按照使装备维修保障效能最优的原则,在多个装备维修保障分队中选择不同的装备维修保障分队分配给需要进行保障的装备。这一步需要通过建立常规导弹力量的装备维修保障指挥辅助决策模型来实现。

根据上面的分析,常规导弹力量的装备维修保障指挥辅助决策过程可以用如图 1.1 所示的流程图进行表示。

(1) 确定输入信息。设有 $N$ 个装备保障力量分队,其中能够对特种装备进行保障的有 $N_1$ 个队,能够对普通装备进行保障的有 $N_2$ 个队,$N_1 + N_2 > N$,其中能够同时对特种装备和普通装备进行保障的保障分队有 $N_3$ 个,则 $N_1 + N_2 - N_3 = N$。其中有 $N_3$ 个队保障力量(如保障车辆)可以机动,在 $N$ 个队保障分队中又有 $N_4$ 个队保障力量不能机动(如维修站,加油站等)。

(2) 确定被保障的特种装备。这里的特种装备包括主战特种装备和非主战特种装备,在特种装备保障方案的制定之前,首先判断装备维修分队的数量 $N_1$ 和需要保障的特种装备的数量 $m_1$ 的大小关系,当 $m_1 \leqslant N_1$ 时,说明这些装备均能够进行保障;当 $m_1 > N_1$ 时,说明有一部分特种装备不能够同时进行保障,这时需要先根据装备信息中的装备性能和状态确定被保障的特种装备。

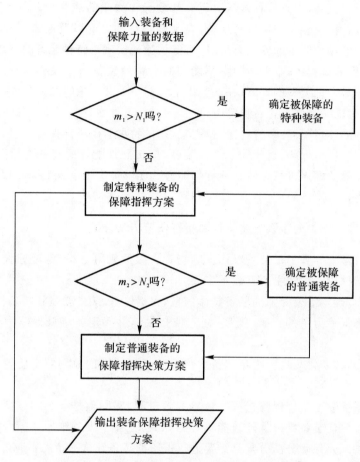

图 1.1 常规导弹装备维修保障辅助决策流程图

(3) 制定特种装备保障方案。确定了需要保障的特种装备之后,根据保障装备与特种装备的位置和各种环境的危险系数及距离,可以计算出对不同装备进行保障时各种装备的危险度值,按照装备保障的原则,利用优化算法确定特种装备的保障决策方案,使得特种装备保障的指标函数——所有特种装备的总危险度值最小。

(4) 确定被保障的普通装备及制定保障方案。确定需要保障的普通装备的方法与确定需要保障的特种装备的方法相同,设在确定了特种装备的保障分队后,能够对普通装备进行保障的保障分队数量为 $N_2$,需要保障的普通装备有 $m_2$ 台,当 $m_2 \leqslant N_2$ 时,所有需要保障的普通装备都能够得到保障;当 $m_2 > N_2$ 时,采用确定被保障的特种装备的相同方法确定需要进行保障的普通装备。

同样,普通装备保障方案的制定也与特种装备装备保障指挥方案的制定方法相同,通过选择优化算法,使得整体的指标函数——所有普通装备的总危险度值最小。

(5) 装备保障决策方案。按照上面的方法确定的决策方案,应该包含保障装备与被保障装备之间的关系,以及装备的移动路线等信息。例如,方案中保障装备 $i$ 对装备 $j$ 进行保障,其中保障装备从 $a$ 点经过 $b,c,d$ 点到达 $e$ 点,而装备 $j$ 从 $f$ 点经过 $g,h$ 点到达 $e$ 点,此时这一台装备的保障方案为

$$i\ a\ b\ c\ d\ e\ |\ j\ f\ g\ h\ e$$

将所有的保障方案按照一定的规则(如按照装备的类型)进行组合,便得到了一个整体的装备保障方案。

### 1.3.2 导弹力量装备作战保障指挥决策的系统分析

#### 1.3.2.1 导弹力量装备作战保障指挥决策应遵循的原则

常规导弹力量的装备作战保障指挥是指战争中根据作战任务的不同对处在配弹状态的发射车等主战装备进行的调度与运用。由于主战装备决定着常规导弹力量的战斗力,所以,在进行装备的作战保障指挥决策时应尽可能保证主战装备的安全。这就要求在制定装备作战保障指挥决策方案时应以主战装备的危险度为评价指标函数,在保证完成任务的同时尽可能降低主战装备的危险度。按照以上的分析,常规导弹力量的装备作战保障指挥决策应遵循以下原则[13-14]:

(1) 尽可能地减少装备的危险度。这是制定装备的作战指挥决策时最重要的原则,只有这样才能更好地保存实力,使常规导弹力量在战争中发挥更大的作用。因此,在制定常规导弹力量的装备保障指挥决策时,要充分考虑装备的危险度,在保证装备完成作战任务的同时尽可能降低装备的危险度,同时尽可能移动危险系数小的装备。

(2) 选择性能好的主战装备执行作战任务。性能优良的装备在参与作战时完成任务的概率要高于性能正常的装备,因此在决定选择主战装备参与作战时,要首先考虑性能优良的装备,然后考虑性能正常的装备。

(3) 在执行齐射任务时,应尽可能使主战装备同时到达发射阵地,以减少装备在阵地上的暴露时间。装备在执行任务前大都停靠在有隐蔽功能的待机阵地,此时装备的危险系数较低,由于不能遮蔽,发射阵地的暴露征候一般都比较明显,所以当装备停靠在发射阵地时,即使装备带有伪装,危险系数也很高。主战装备在执行发射任务时需要撤除伪装。要尽可能地减少主战装备在无伪装暴露状态下的等待时间。

#### 1.3.2.2 导弹装备作战保障指挥决策方法分析

根据常规导弹力量装备作战保障指挥决策的目标以及评价指标函数,常规导弹力量的装备作战保障指挥决策方法主要有以下步骤:

第一步,确定作战目标,这里主要是指常规导弹需要发射导弹的数量和时间。

第二步,确定主战装备的性能和状态,以及发射阵地的分布情况。

第三步,利用优化算法在可用发射阵地中寻找使得主战装备危险度尽可能小的发射阵地并配给主战装备。

第四步,根据常规导弹任务的执行时间和主战装备到达发射阵地需要的时间,确定主战装备的行动时间。如果执行的是齐射任务,则距离所分配的发射阵地远的主战装备先出发,距离发射阵地近的装备后出发,在保证按时执行发射任务的同时,尽可能地保证同时到达发射阵地,以减少主战装备在发射阵地的停留时间。

假设根据作战任务需要发射 $M$ 枚常规导弹,现有 $N$ 个可用发射阵地,能够执行发射任务的主战装备的数量为 $m_2$。根据常规导弹力量的情况,一般 $M \leqslant m_2 \leqslant N$,因此首先选择参加作战的主战装备,然后按照使指标函数值尽可能小的原则,给每一台参加发射任务的主战装备选择发射阵地。此时,常规导弹力量的装备作战保障指挥决策问题,便转化为阵地的选择和分配问题,即按照指标函数尽可能小的原则,选择 $M$ 个发射阵地,并将这 $M$ 个发射阵地分配给参加作战的主战装备。常规导弹力量装备作战保障指挥辅助决策的流程如图 1.2 所示。

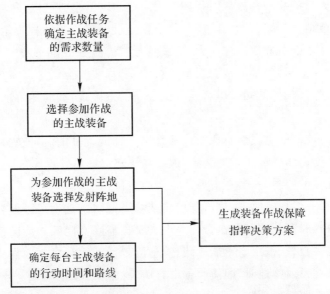

图 1.2 常规导弹力量装备作战保障指挥辅助决策流程图

(1) 确定作战任务。常规导弹力量的作战任务是根据作战意图以及作战需要制定的。对于某一常规导弹力量来说,主要包括对敌方目标的攻击波次、在每一波次中发射导弹的数量以及每一波次导弹打击的时机。而导弹装备作战保障指挥决策的任务是为每一台参战的主战装备按照一定的原则分配发射阵地,并确定行动与发射时间。

(2) 选择参加作战的主战装备。选择参加作战的主战装备的原则主要是依据装备的性能和状态。在正常情况下,处于配弹状态的主战装备数量要大于或等于作战任务中一个波次的导弹发射数量,因此,在确定作战发射任务后要选择参加作战的主战装备。主战装备的选择主要依据两方面,即装备的状态和装备的性能。

(3) 为参加作战的主战装备选择发射阵地。主战装备选择的发射阵地不同,由待机阵地到达发射阵地运行的时间和经过的区域也会不相同。根据常规导弹力量装备保障指挥决策的原则,在保证完成任务的同时,还要尽可能地保证装备的安全,因此,制定常规导弹力量装备作战保障指挥决策方案的重要指标仍然是所有参加作战的主战装备的危险度最小,以此为目标函数,利用优化算法进行计算,为每台主战装备选择发射阵地。

(4) 确定每台主战装备的行动时间和路线。由于主战装备与分配的发射阵地路程各不相同,如果同时出发,到达发射阵地的时间会不相同。执行齐射任务时,一部分先到达发射阵地的装备就会暴露在敌方的侦察之下,其危险度急剧增加,因此,为了减少主战装备整体的危险度,应尽量使主战装备能够同时到达发射阵地或最大限度地减少主战装备到达阵地时间的差异,这就需要主战装备分批出发。

不妨设参加作战的 $N'$ 台主战装备距离各自发射阵地的路程分别为 $l_1,l_2,\cdots,l_{N'}$,各主战装备的运行速度相同且均为 $v$,设

$$L = \max\{l_1, l_2, \cdots, l_{N'}\} \tag{1.1}$$

并设距离发射阵地最远的主战装备行动的时间为 $t$,则第 $i$ 台主战装备行动的时间为

$$t_i = t + (L - l_i)/v \tag{1.2}$$

实际中,由于运行路况、车辆的性能、驾驶员的素质和各条路线路程的不同,其中会有误差,但可以以此为基本依据,确定实际作战中主战装备的行动时间和路线。

(5) 生成装备作战保障指挥决策方案。最终给定的作战方案应该包括以下几方面:① 主战装备;② 每台主战装备对应的发射阵地;③ 行动路线;④ 行动时间。假设编号为 $k$ 的主战装备经过 $a,b,c,d$ 到达发射阵地 $f$,行动时间为 $t$,则决策方案表示为

$$k \ a \ b \ c \ d \ f \mid t$$

将每一台主战装备的作战保障方案组合在一起就形成了常规导弹力量的装备作战保障指挥决策方案。

## 1.4 导弹力量作战中的装备保障指挥决策研究的主要内容

开展常规导弹力量装备保障指挥决策研究的主要目的是在现有的装备保障指挥体系下,构建基于信息化条件的常规导弹力量的装备保障指挥辅助决策体系,并建立信息化条件下的常规导弹力量的装备保障指挥辅助决策模型和系统,为实现常规导弹力量装备保障指挥决策的"自动化和智能化"打下基础。

针对以上目的,常规导弹力量装备保障指挥决策研究主要包括以下几方面的内容:

(1) 完善信息化条件下装备保障指挥决策理论,构建信息化条件下常规导弹力量装备保障指挥决策体系。充分研究目前常规导弹力量装备保障指挥的决策体制,发现现有装备保障指挥体制与信息化作战条件下作战需求之间的差距,并通过研究信息化条件下常规导弹力量的装备保障指挥决策的需求,建立信息化条件下的常规导弹装备保障指挥决策体系。

(2) 常规导弹力量装备保障指挥决策方法分析。这是建立常规导弹装备保障指挥辅助决策模型的基础,其目的是根据导弹装备质量以及管理现状的实际情况,分析常规导弹力量信息化条件下装备保障指挥的主要任务,并针对常规导弹力量装备的特点,充分研究现有导弹装备保障指挥决策的特点和规律,确立信息化条件下常规导弹力量装备保障指挥决策应遵循的原则。

(3) 建立常规导弹力量装备保障指挥辅助决策模型。根据信息化条件下常规导弹力量装备保障指挥决策体系,以及常规导弹力量装备保障指挥决策的原则,建立基于信息化条件的常规导弹力量装备保障指挥辅助决策模型,为常规导弹力量装备保障指挥决策的定量化和科学化打下基础。

(4) 常规导弹力量装备保障指挥辅助决策方案的可行性评估。针对常规导弹力量装备保障指挥决策的特点,建立常规导弹力量装备保障指挥决策方案可行性评估的评价指标体系,分析指标体系的必要性和合理性,给出指标的定量计算方法,并提出常规导弹力量装备保障指挥决策方案可行性的综合评价方法。

(5) 建立常规导弹力量装备保障指挥辅助决策系统。针对常规导弹力量装备保障指挥辅助决策系统的总体设计进行研究,分析装备保障指挥辅助决策系统的功能,建立装备保障指挥辅助系统的体系结构,并对装备保障指挥辅助决策系统的关键技术进行梳理,为常规导弹力量装备保障指挥辅助决策系统的生成打下基础。

## 本章小结

本章总结了导弹力量装备保障指挥决策研究的国内外现状,对导弹力量装备保障指挥决策进行了系统分析,并阐述了导弹力量装备保障指挥决策研究的主要内容,本书第 2 篇将据此展开具体研究。

## 参 考 文 献

[1] 宋华文.新一代装备指挥训练模拟系统总体分析与设计[J].装备指挥技术学院学报,2004,15(1):27-30.

[2] 王钰,宋华文,王凭慧.装备指挥自动化平台总体分析[J].装备指挥技术学院学报,2002,13(3):6-9.

[3] 董贵山.加快联合作战装备指挥能力建设[J].国防大学学报,2002(4):82-84.

[4] 黄念初,李宪.可视化装备保障指挥系统的构建设想[C]//中国兵工学会维修专业委员会年会论文集.北京:兵器工业出版社,2004:105-107.

[5] 夏良华,龚传信.装备保障指挥控制系统柔性研究[J].装备指挥技术学院学报,2003,14(5):20-23.

[6] 张晓琴,于洪敏,田建章.基于 Petri 网的集团军装备指挥流程建模[J].科学技术与工程,2007,7(4):656-659.

[7] 张宣,陈云翔,朱荣昌.网格构建装备管理信息系统研究[J].计算机工程与设计,2006(12):2211-2212.

[8] 孙宏,张志华.试论一体化联合作战装备指挥体系[J].装备指挥技术学院学报,2005,16(3):7-10.

[9] 徐泽水.不确定多属性决策方法及应用[M].北京:清华大学出版社,2005.

[10] 郝杰忠,杨建军,杨若鹏.装备技术保障运筹分析[M].北京:国防工业出版社,2006.

[11] 冉仕勇.对空情报雷达装备管理指标体系研究[J].雷达与电子战,2008(1):32-40.

[12] 张茹,郭希维,赵琦.装备管理评分标准规范化的序列型评分模式[J].兵工自动化,2006,25(1):21-22.

[13] 刘维维,郑怀洲.装备管理工作绩效模糊综合评价模型[J].装备指挥技术学院学报,2002(12):14-17.

[14] 高绪勇,谢桂海,明亮.野战装备指挥保障综合系统的设计与实现[J].军械工程学院学报,2006,18(2):39-42.

# 第 2 章 导弹力量作战中的后勤保障指挥决策导论

## 2.1 引 言

现代高科技条件下的战争,任何单一领域内的作战力量都无法夺取战争的胜利,诸军种联合作战,发挥整体力量的效能,才是夺取战争最后胜利的关键因素。从 20 世纪末至今,已发生的现代局部战争表明,联合作战已成为信息化战争的基本作战形式。常规导弹作为具有射程远,威力大,制导精确,机动范围大,可全天候、全时空攻击的一种高科技兵器,是常规联合战役中不可缺少的远程作战重要武器,也是实施战役或战略性突击的最理想的武器。近年来,我军常规导弹力量的迅速发展,常规导弹的精确打击和远程攻击能力的大幅提升,使常规导弹力量已成为我军联合战役中一支重要的远程精确火力突击力量。常规导弹力量在军事斗争实践中的成功运用,不仅说明其已成为我军联合作战中诸兵种中的重要组成部分,而且确立了其在诸军兵种联合战役中被首战运用、全程使用的地位,在未来执行大规模远程火力突击任务时,将起到"先机制敌、重点突击"的重要作用[1]。

现代作战在网电一体、网络中心战的牵引下,往往凸显非对称作战、非接触作战、非线式作战和精确作战等信息化战争的特点,这些新特点使多维战场变得更加透明,物资消耗空前巨大。面对恶劣的战场环境,联合作战中的常规导弹力量要想圆满完成上级分配的任务,实现具有挑战性的前沿存在、火力打击和威慑行动等军事活动,关键就在于由训练有素的后勤保障人员在物资、设施、运输、技术和信息组成的错综复杂的网络中为常规导弹力量提供强大的后勤保障支持。美国海军少将亨利提出"后勤为部队动用武力提供了物质手段。从军事角度讲,它创造并生成了战斗力和武器,并为其提供持续不断的支援。后勤保障的目标是保持最高水平的战斗力"[2]。这充分说明无论何种样式的作战,既是打技术之仗,又是打后勤之仗,因此联合作战中常规导弹力量后勤保障的效果,将直接关系到常规导弹力量在战役中的作用,并对整个联合战役的进程乃至全局产生重大的影响。

常规导弹力量的最主要作战样式是机动作战[3]。机动作战可以提高常规导弹力量的生存能力和突击能力,同时也使其战斗力的发挥更加依赖于后勤准备和保障的程度,这就对常规导弹力量参加联合战役的后勤保障提出了更高的要求,也就是常规导弹力量在做出作战决策、下达作战命令、部署兵力和实施战役战斗的同时,从全局出发,综合考虑后勤保障问题,同步做出后勤保障决策,然后发出保障指令,展开后勤部署以及各种保障行动,统筹规划"供、救、修、运、防"等一系列联合作战中后勤保障的问题,形成全方位、多手段和多样式的保障方式显得尤为重要[4]。联合作战中常规导弹力量后勤保障是一项受多种因素、多种条件影响和制约的综合体。决策在保障中占有十分突出而又重要的位置,具有牵一发而动全身的作用,保障决策正确,将会推动和促进整个后勤保障正常运转,并不断产生巨大的军事经济效益;反之,保障决策不当则会严重削弱和破坏后勤保障运行进程,最终产生不良后果。

综上所述,面向新时期国际战略形势和军事变革的发展,以常规导弹力量参加联合作战为背景,立足于常规导弹力量当前及未来后勤保障装备和技术条件,运用后勤指挥学、决策学、运筹学和系统工程学等多学科理论和方法,借助数学和计算机科学,采用定性与定量相结合的手段对联合作战中常规导弹力量后勤保障指挥决策的理论和方法进行研究,探索其发展变化规律,以期为常规导弹力量在联合作战中的后勤保障指挥提供决策支持,提高现代条件下后勤保障能力,已成为一个重要而迫切的课题。

## 2.2 研究的目的和意义

联合作战中常规导弹力量后勤保障决策研究已成为高效运用后勤资源的手段、实现精确保障的基石,并成为决策者科学运用后勤资源的决定性技术支持因素。联合作战中常规导弹力量后勤保障指挥决策研究不仅极大地丰富了后勤保障决策理论,而且具有很重要的现实指导意义。

首先,联合作战中常规导弹力量后勤保障指挥决策研究是常规导弹力量后勤保障能力科学建设发展的现实需要。

今天,这种能力需要的根本精神就是为了使作战力量实现更好、更快的发展,争取以最小的代价获得最大的发展成果。在战争中,后勤保障是军队的血液,谁最能科学地使用资源,最大限度地从其资源的消耗中获得最大的效果,谁才能赢得战争的主动权。无论在战争时期还是和平时期,军费的有限性都是各国军队面临的共同难题,特别是资源日渐匮乏的现代,供应和需要的矛盾更加突出,已经成为军队发展的瓶颈。解决这个问题的根本途径是让科学化决策广泛应用于军事后勤保障的各个领域,充分发挥科学化决策的预测、优化和评估等功能,使有限的物资和人员发挥最大的效用,减少后勤资源的消耗量,从而有效缓解供需之间的矛盾。从这些方面来说,常规导弹力量后勤保障指挥决策研究已成为做好一切后勤保障工作的必需。

其次,联合作战中常规导弹力量后勤保障指挥决策研究是军事运筹学在后勤保障应用中的具体实现。

军事运筹学是军事科学、系统科学、数学科学和计算机科学交叉结合的一门军事学科,它在现代军事学术研究中有着独特的地位和作用。军事运筹学不仅是可以对各种战争活动进行量化计算的技术手段和提高整体作战能力的倍增器,又是人类认识和指导现代战争必不可少的科学工具。恩格斯在《自然辩证法》一书的札记中曾经写道:"数学在一门科学中应用的程度,标志着这门科学成熟的程度。"随着现代科学技术的进步,运筹学应用数学与模拟等量化方法,将定量分析与定性分析结合起来,使决策更加准确、科学,大大提高了决策研究的质量和效率,为决策提供了新的研究方法和手段。在常规导弹力量后勤保障指挥决策研究中,运筹学有以下三个突出特点:①运筹学作为智囊的角色,通过建模、量化、优化和辅助决策等方法,从量化后勤保障任务着手,以决策应用为平台,从而为整体提高联合作战中常规导弹力量后勤保障能力提供重要的技术支持;②运筹学为后勤保障模拟提供了基本方法和手段,它为量化后勤保障任务提供了技术上的可能;③运筹学为研制决策支持、辅助决策等实用系统,加速常规导弹力量现代化建设的科学化进程提供了发展思路。

再次,联合作战中常规导弹力量后勤保障指挥决策研究是适应现代战争需要,实现敏捷保障的根本手段。

在20世纪70年代以前的战争中,后勤保障数量是衡量保障能力的重要指标,20世纪80年代则变为保障的质量,20世纪90年代末又转变到保障的时间,即所谓基于时间的精确保障,进入21世纪后,后勤保障方式的重点又逐渐转移到所谓的敏捷性(在现代战争的发展趋势上,后勤保障表现在以最快的速度高效响应作战力量要求,精确满足不断变化的作战需求)上来。即后勤保障必须能在实时的需求信息下,正确决策,快速组织后勤保障力量,把物资和装备送达作战前沿,并满足作战力量对物资的需求。在现代条件下,战争对物资的依赖更加强烈,传统的单一保障方式很难使作战力量在战争中保持优势,信息时代的到来,进一步加深了后勤保障的压力。为创造新的竞争优势,必须采取科学的决策方式和方法,顺应新的战场环境,在第一时间满足作战需要,使作战力量从资源的约束中解放出来,创造出新的后勤保障优势。

最后,开展联合作战中常规导弹力量后勤保障指挥决策研究是提高后勤保障质量的重要技术方法。

常规导弹力量在未来作战中无论执行何种样式的作战任务,后勤保障都肩负着重大责任,直接关系到作战任务能否有效完成。在信息化战争中,物资消耗剧增,作战力量对后勤保障的需求强度和节奏不断加快,从而加深了战争对后勤保障实时性、科学性和正确性的依赖,同时决策的作用也更加明显。决策对后勤保障的影响有以下两个特点:一是未来战争中后勤保障不确定因素将不断增加,实施保障的每个环节稍有不慎,就可能导致满盘皆输。为提高指挥员的决策能力和决策水平,后勤保障中需要广泛使用数学、计算机科学和军事建模等科学化决策方法,从而为指挥员明确保障目标和实施决策提供依据。二是科学化决策的方法为指挥员依靠战场信息,正确建立和评估各个保障行动方案的影响,选择最佳的保障行动方案,保证后勤资源在恰当的时间和地点的有效释放成为可能。从以上的角度看,决策研究已经成为提高联合作战中常规导弹力量后勤保障质量和能力的重要环节。

## 2.3 国内外研究现状

最早进入军事决策领域的科学理论是军事运筹学,它的宗旨就是为军事决策提供量化依据。根据国内外研究的成果,军事运筹学的定义如下:军事运筹学是应用数学和计算机等科学技术方法研究各类军事活动,为决策优化提供理论和方法的一门军事学科[5]。从另一角度可理解为,军事运筹学是运用数学的方法为军事决策提供支持的学问。德国克劳塞维茨在《战争论》中提出精神、物质、数学、地理和统计是战争的五个基本要素,为数学在战争中对决策的应用揭开了崭新的篇章。第一次世界大战期间,数学方法在后勤计划中的实际应用开始受到重视,在1917年版的世界上第一本后勤理论专著《理论后勤学——战争准备的科学》(美国海军陆战队中校乔治·C.索普著)中,就有后勤决策的程序和如何运用数学方法支持作战后勤需要量计算的具体示例介绍,反映了当时人们对后勤保障决策问题的重视程度及认识水平。第二次世界大战期间,为了提高有限的战争资源,特别是后勤资源的利用率,美国成立了"研究与开发"办公室,为后勤保障方案拟制提供了需求量计算、物资前送,以及运输调度等后勤决策支持数学模型。

进入20世纪60年代以后,由于军事战略的需要以及计算机技术、运筹学和军事后勤理论的不断发展,推动了后勤领域的决策研究[6]。美军自20世纪70年代起,为了提高后勤保障能力和决策水平,陆续开发并建立了覆盖战略后勤、战区后勤和战术后勤各层次的后勤保障决策模型体系,特别是海湾战争后,使后勤保障决策的程序和模型在历次较大规模的局部战争中得到应用和改进[7]。纵观海湾战争、阿富汗战争,以及科索沃和伊拉克战争,可以看到美军由于在保障中对后勤计划、物资供应、道路选择、医疗救护等各类问题进行了充分的决策论证,从而保证了后勤保障以最佳的状态,在最合理的时间内,以最小的代价获得了最大的军事价值。科学化决策手段的支持,为美军充分发挥后勤保障能力和潜力提供了平台,使快速灵活、高效精确的后勤保障成为可能,可以说,高质量的后勤保障决策为美军赢得大纵深、全立体、高强度的信息化战争奠定了坚实的基础。苏军也很重视后勤保障决策方面的研究,1982年,苏联国防部军事出版局出版了由苏军后勤参谋长戈卢科上将等人合著的《后勤指挥自动化与模型化基础》一书,提出"高度集中地管理和使用所有资源"的基本观点,突出"现代经济数学方法和计算技术"在后勤保障系统中的应用,认为"人与数学模型的协作,能使人们在允许的时间内得到军队后勤保障的最佳决策"。该书的发行标志着苏军后勤保障决策研究已达到相当高的水准。

20世纪80年代以来,军事运筹在描述和求解军事决策问题时不断运用现代人工智能技术,两者相结合逐渐成为一个重要的方向,其主要特点就是定量与定性研究相结合。随着人工智能和专家系统问题求解能力逐步改进和完善,智能应用在两者结合中的分量越来越重。但是,由于现代战争作战指挥过程十分复杂,许多影响决策的因素不易量化,决策信息具有不确定性和不完全性,所以,随着军事运筹学在实际运用中的不断发展,必须寻求新的方法和技术途径,以便克服已显示出来的局限性。由此可见,在军事决策研究领域已经开始运用大量新的决策方法,但还需要做进一步的探讨和研究。

我军开展军事决策研究起步较晚。1956年,在钱学森、许国志等人的倡导下,中国科学院成立了第一个运筹学专业研究机构,对决策研究的发展起到了积极的促进作用。20世纪60年代中期至70年代初期,华罗庚提出的优选法和统筹法,在军事决策领域中也得到了推广和应用。决策研究在我军得到广泛应用是人工智能与运筹学的相结合的20世纪80年代中期,如1988年研制的"油料战勤决策支持系统",它能完成对战时油料消耗量和需求量的计算,并对各类油料的总体保障状况进行定量的分析评估。20世纪末至今,随着科技的发展,我军陆续开发了一批具有时代特征的决策系统,如中国人民解放军信息工程大学开发的"野战后勤指挥自动化系统",中国人民解放军海军工程大学参与开发的"××××局部战争战时油料保障决策支持系统",国防科工委开发的"军事后勤指挥决策支持系统"等,这些指挥自动化系统的开发标志着我军高度重视提高后勤保障能力和决策水平的研究。导弹作战力量在联合作战后勤指挥、后勤保障方式方法、后勤保障战场环境建设和后勤专业保障决策应用理论等方面,以及定性定量相结合等技术方面都已取得不少具体的研究成果,建立了一些具有导弹力量作战特点的专业性、综合性的辅助决策模型,积累了丰富的经验,并研制开发了一些具有初步的辅助决策功能的应用系统,解决了导弹作战力量在训练、作战以及保障论证中的大量现实问题。

当前,联合作战中后勤保障问题已成为我军后勤研究的热点,导弹作战力量乃至全军对联合作战后勤保障问题的研究,无论在广度还是深度上都取得了丰硕的成果,但是归纳起来,导弹作战力量在后勤保障决策研究上存在两个显著的问题:其一是后勤保障理论和保障技术运用的衔接问题。在后勤保障中熟悉后勤保障理论的人员,往往不擅长运用数学、计算机等保障技术对后勤保障活动进行量化分析,运用数学方法为后勤保障提供技术支持,如运筹学、系统工程学等专业的人员对后勤保障理论缺乏深刻的研究,也就是说,定性研究后勤保障和定量后勤保障各自研究的多,但相结合研究的少。其二是针对导弹力量作战特点对常规导弹力量后勤保障决策所开展的研究还不多。在导弹作战力量指挥决策研究中,大多数属于常规导弹攻防作战决策方面的研究,而通过运用运筹学等学科的理论和方法开展后勤保障研究则并不多见,特别是专门针对联合作战中常规导弹力量后勤保障决策的研究成果就更少见了。总之,导弹作战力量后勤保障指挥决策的研究目前还仅仅处于起步阶段,无论是与其他军兵种相比,还是与现代技术特别是信息化高技术条件下局部战争的要求相比都还有较大差距,必须不断加强理论研究与应用系统的开发,进一步拓展导弹作战力量后勤保障决策研究的应用领域。

## 2.4 导弹力量作战中的后勤保障指挥决策的系统分析

在后勤保障领域,科学化决策活动是一项重要的活动,它在后勤保障资源收集、存储、分配和消耗过程中承担着指导正确行动的重要作用,正所谓"正确的行动,来自于正确的决心"。决策作为后勤保障中的一个关键环节,决策活动以及决策研究一直受到高度重视。

### 2.4.1 常规导弹力量后勤保障指挥决策的概念

"决策"一词起源于美国,原意是"做出决定"。做出决定其实是人脑时刻进行的一种活动,在任何时候只要当人们面临多种可能性而必须择一而行时,都存在决策问题。可以毫不夸张地说,没有决策,人就不能做任何事,因此,从这个意义上说决策科学广泛存在于社会活动的各方面。决策的实质是制定决策的活动,是泛指采取某项行动之前,对行动目标、方案、步骤、方法进行谋划、选择和决断的实践活动,是人类为解决某一方面的问题,以知识、信息和预测为依据,采取科学的方法,正确判定行动目标和从若干方案中选择最优方案、付诸实施直至实现预期目标的过程。简言之,决策就是根据预定的目标做出某种行动的对策。

常规导弹力量后勤保障是为了满足常规导弹力量作战、训练中对物质和技术的各种需要,依据上级指示,组成各种业务保障机构为常规导弹力量提供各种保障的统称。常规导弹后勤保障决策(简称后勤保障决策)是常规导弹力量后勤指挥机构根据上级的意图和本级指挥机关的指示,针对相应的作战任务、目标、力量、方法及保障需求等有关问题进行分析判断与筹划,运用科学的理念、技术和思维方法,考虑相关因素,按照一定程序,对后勤指挥目标和后勤指挥方案做出科学抉择,并对结果实施跟踪反馈的一系列思维和行为活动的一个完整过程。

常规导弹力量后勤保障指挥决策研究是指针对联合作战中常规导弹力量后勤保障中的方案选择、物资筹用和道路优化等问题,遵循决策科学的一般过程,运用运筹学、系统学和决策学等理论,通过数学和计算机技术等手段,对后勤保障活动进行优化和干预,为联合作战中的常规导弹力量获得充分的军事后勤资源提供技术支持的活动。决策研究既是保障决策的一个重要环节,也可以看成是决策本身,两者是密不可分的。

### 2.4.2　常规导弹力量后勤保障指挥决策的原则

常规导弹力量后勤保障决策的原则是关于后勤保障决策活动的主观指导规律,是决策主体在组织实施后勤保障指挥决策活动时应该遵循的具有普遍意义的基本行为准则。常规导弹力量后勤保障指挥决策的原则如下:

(1)广泛搜集信息、正确决策的原则。要提高常规导弹力量后勤保障的效率,就必须全面了解和掌握敌我双方的情况,离开这一点实施正确的决策就是一句空话。毛泽东同志说:"指挥员的正确的部署来源于正确的决心,正确的决心来源于正确的判断,正确的判断来源于周到和必要的侦察和对于各种侦察材料的连贯起来的思索"。这段话充分说明决策过程中对信息的制控是何等重要。2 000多年前的兵学圣人孙子也曾有过"知彼知己,百战不殆"的精辟论述。知彼,就是正确掌握敌情,即对敌方作战部署、袭击目标、所处位置等做到心中有数。为此,必须多方收集信息和情报,并对信息去伪存真,判明敌方的真实图谋。知己,是熟悉后勤保障情况,即对联合作战中常规导弹力量的后勤保障任务、保障目标、保障力量和保障中存在的问题,以及对保障中的不利因素,如道路状况、天气情况、社情等做到了如指掌。在知彼知己的基础上,还要审时度势,系统分析敌我情况,综合衡量,从而合理确定后勤保障的数量和时机。

(2)集体谋划、主观决断的原则。在常规导弹力量后勤保障决策活动中,无论哪一级指挥员,仅凭自己的聪明才智和经验,都难以对后勤工作中的重大问题做出及时正确的决策,必须借助"外脑",即充分发挥参谋的作用。根据相关条例的规定,参谋履行下列职责:①搜集、掌握有关情况和资料,按照规定或者首长指示提供使用;②分析判断情况并提出建议;③传达首长的命令、指示等。可以看出,参与作战决策是参谋人员的主要任务[8]。参谋人员在了解任务、理解意图、搜集情报的基础上,对战场情况的发展变化进行预测,提出多种行动方案,并进行分析评估,供指挥员选择。参谋的从属地位决定了其参与决策行为的特点,即要服务、服从于指挥员决断行为,又要独立思考和分析决策策略。参谋人员参与决策行为的根本目的是为指挥员决断行为服务,为指挥员决断行为提供保障。联合作战中常规导弹力量后勤保障指挥员应首先根据参谋发现的问题,确定决策目标,然后根据参谋提出的多种决策方案为依据,从而做出最终决断。

(3)多种决策方法相结合的原则。在常规导弹力量后勤保障决策活动中,必须灵活运用多种决策方法,实现后勤保障决策创新。在联合作战条件下,战场情况千变万化,有些战场情况是军事决策方案中预想到的,有些战场情况则是难以预料的。在这种情况下,作为后勤保障决策者,对没有预想到的突发情况,就不能按照常规程序和常规决策思维方法来进行决策,而要敢于和善于打破常规方法,通过采取创造性的思维来进行后勤保障决策。同时,在研究和运用后勤保障决策方法时,除了概率统计、矩阵理论和决策树方法之外,模拟法、指数法和微分法等也可以广泛运用于决策领域,采用各种方法的有机结合,达到优中选优的目的,从而提高后勤保障能力[9]。

(4)决策的程序要遵循科学规律的原则。联合作战中常规导弹力量后勤保障决策同其他事物的发展规律一样,有自己特有的规律及特定的决策程序。因为决策本身就是一个过程,是决策者对问题进行分析和判断的完整过程,一些基本的步骤是任何决策都必须遵循的,这些基本的步骤就是决策的程序,而按照合理的程序进行决策,则是决策科学化的一个重要特征[10]。后勤保障指挥决策只有按特定的、合理的、科学的程序进行,决策才会正确,才可能在瞬息万变的高技术战场上减少不必要的失误。

(5)决策贯穿整个后勤保障活动的原则。联合作战中常规导弹力量后勤保障决策是确定后勤保障目标,并为实现后勤保障目标选择最优方案和切实可行措施的活动,贯穿后勤保障活动的始终[11-12]。后勤保障决策是后勤保障活动中最复杂、最重要的活动,是制定各项保障计划和组织各项保障工作的基本依据。制定后勤保障决策,是后勤保障决策者在后勤保障活动中的主要任务,无论是后勤力量组织与部署决策还是后勤综合保障决策,其根本目的都是为了实现后勤保障决策效益的最大化。由此可见,后勤保障决策是后勤保障活动的核心内容和关键环节,后勤保障决策的最终目的就是制定正确的后勤保障方案,以保障作战行动的顺利实施。

### 2.4.3 常规导弹力量后勤保障指挥决策的特点

联合作战中常规导弹力量后勤保障决策的基本特点是后勤保障决策本质的一种反映,准确地把握后勤保障决策的基本特点,有助于深化对后勤保障决策的认识。后勤保障决策是军事领域中的决策活动,作为一种特殊领域的决策活动,与其他决策相比,具有以下几个基本特点:

(1)参谋性。联合作战中常规导弹力量后勤保障决策作为后勤指挥的一项主要内容和职能,后勤保障决策最后由指挥人员完成。后勤指挥员作为后勤指挥系统的核心,是站在作战后勤全局高度上的决策者,后勤保障决策的拟制是以常规导弹力量后勤指挥员赋予后勤保障部门的任务、上级后勤保障命令和导弹作战力量对后勤提出的保障要求等为主要依据的[13-14]。

从决策对象看,联合作战中常规导弹力量的作战目标是后勤保障决策的总目标,后勤保障目标从属和服务于作战目标,后勤指挥决策首先要着眼于作战全局,统筹后勤力量调配、保障力量部署和后勤防卫等后勤保障目标,而后勤保障决策必须以后勤系统为中心,围绕后勤保障目标制定。当然,后勤保障决策在从属于作战决策的同时,对作战决策也有一定的反作用,后勤保障决策正确与否是作战决策目标能否达成的重要因素之一,但在得出最终作战决策方案之前,后勤保障决策只能为导弹力量作战指挥人员提供参谋和咨询。

(2)风险性。战争是充满风险的,而对联合作战中常规导弹力量后勤保障的内容、力度和范围空前扩大,对后勤保障决策产生影响的风险因素很多。从近几次现代联合作战的情况来看,战场态势瞬息万变,受战争突发性、资源高耗性和战场广域性等特点的影响,使保障的内容和要求依据战争的变化而调整,后勤保障常常会面临一些意料之外的决策问题,需要后勤指挥人员及时做出有关决策,以适应战争的需要。战争的突发性和随机性使很多问题和决策缺乏足够的时间去论证,极大地增加了决策的风险性。克劳塞维茨曾说:"在战争中不冒危险就将一事无成;战争的性质根本就不允许人们经常看清楚前进路上的一切。"后勤保障决策依赖于作战指挥决策,因而作战指挥决策的风险也必然影响后勤保障决策,战场上突变的情况及其他外力的作用,能使原本正确的后勤保障决策产生难以预料的后果。在联合作战中,由于作战行动突然,战场环境复杂多变,导致战场信息空前激烈,具有不确定性及随机性,使后勤保障决策得到的信息往往是不充分、不及时、不准确和不完备的。在这种情况下,后勤决策者和后勤决策机构只能靠经验和预测估算来进行决策,这一切都导致后勤保障决策后果具有较大的风险性[15]。

(3)时效性。从时效的角度来看,一个正确的决策在某一时间范围内执行,可获得预期的决策效果;超过这个时限,则可能由于战场情况的变化而失去效用[16]。在信息化战场上,由于作战节奏加快,战场变化急剧,后勤保障决策的时间不但受我方作战力量和行动的时间、作战任务和作战需求的影响,而且也受到敌情的影响。后勤保障决策必须选择有利时机进行,并要求在规定的时间内完成,唯有如此,才能保证后勤保障行动的高效率和后勤保障结果的高效益。

(4)超前性。联合作战中常规导弹力量后勤保障决策其本质是面向未来,是对将要实施的后勤保障决策的规定和指导。决策完成于行动之前,它是对未来后勤保障实践活动的目标和行动方法所做出的决定,并影响未来的后勤保障实践效果。联合作战中,所需要的保障决策,特别是一些重要的决策,必须建立在科学预测未来的基础上,要对未来的行动、行为、结果进行科学研究、判断和选择,预测敌我双方的各种可能性,从而制定决策,发布行动指令[17]。总之,超前性是后勤保障决策的根本特点之一。

(5)原则性。联合作战中常规导弹力量后勤保障决策,是关系到后勤保障任务能否完成乃至战役战斗能否达成目标的重大问题。后勤决策者在决策时,必须依据战略方针及联合作战指挥部对后勤保障的指示,按照军队条令条例、规章制度及有关上级指示进行决策,不能随心所欲[18]。后勤保障决策者要站在全局的高度,以局部服从整体为原则,以不惜一切代价保证作战目标实现的态度进行决策。战争实践证明,没有坚定的原则性就不能制定和执行正确的决策,就难以实现后勤指挥决策的目的。

## 2.5 导弹力量作战中的后勤保障指挥决策研究的主要内容

虽说人类对战争后勤保障规律的摸索和掌握难免要付出代价,但军事后勤研究的期望始终是通过科学方法来避免或减少人为因素造成的不必要损失,提高后勤保障效率,这是后勤保障指挥决策的立足点。研究常规导弹力量后勤保障指挥决策首先应从联合作战中常规导弹力量后勤保障指挥决策的概念入手,确定后勤保障指挥决策的原则,理清为达到后勤保障既定目标所采取决策的活动程序,通过定性、定量相结合的手段探讨后勤保障指挥决策的一般方法,然后针对常规导弹力量后勤保障系统中涉及的具体保障问题,运用数学工具和建模手段,从现实作战的角度出发,为常规导弹力量后勤保障指挥决策方案优选提供支持,在此基础上进一步研究常规导弹力量后勤保障指挥智能决策系统总体设计与实现方法。

综上所述,常规导弹力量后勤保障指挥决策研究主要包括以下几方面的内容:①常规导弹力量后勤保障指挥决策的基本概念;②常规导弹力量后勤保障指挥决策环境分析;③常规导弹力量后勤保障指挥决策过程分析;④常规导弹力量后勤保障指挥决策的一般方法;⑤常规导弹力量后勤保障指挥决策的支持模型;⑥常规导弹力量后勤保障指挥智能决策系统。

## 本章小结

本章总结了常规导弹力量后勤保障指挥决策的国内外研究现状,对常规导弹力量后勤保障指挥决策进行了系统分析,并阐述了导弹力量后勤保障指挥决策的主要研究内容,本书第3篇将据此展开具体研究。

## 参考文献

[1] 张最良.军事运筹学[M].北京:军事科学出版社,1993.
[2] 李德彩.战略后勤指挥决策模型化研究[M].北京:国防大学出版社,2002.
[3] 黄健.新军事革命对我军后勤建设的影响及对策研究[D].北京:国防大

学,2002.

[4] 赵刚.新军事变革下军队信息化建设的几项关键技术[C]//2005年军事运筹学年会论文集.北京:军事科学出版社,2005:103-108.

[5] 尹洪举.联合战役陆军航空兵后勤与装备保障研究[D].北京:国防大学,2003.

[6] 冯良.现代联合作战[M].北京:军事科学出版社,2004.

[7] 迈克尔.高科技与新军事革命[M].王振西,译.北京:新华出版社,2004.

[8] 胡海军.伊拉克战争研究[M].北京:军事科学出版社,2003.

[9] 南文安.军事后勤基础[M].武汉:武汉出版社,2003.

[10] 张黎.军事后勤新变革[M].北京:解放军出版社,2004.

[11] 吴振奎,王全文,刘振航.运筹学中的转化思想[J].运筹与管理,2003,12(1):6-8.

[12] 莫尔斯,金博尔.运筹学方法[M].吴沧浦,译.北京:科学出版社,1988.

[13] 韩涛.高技术战争后勤指挥决策研究[D].北京:后勤指挥学院,1999.

[14] 史越东.指挥决策学[M].北京:解放军出版社,2005.

[15] 韩志明.作战决策行为研究[M].北京:国防大学出版社,2005.

[16] 杨铁见.信息在现代战争中对后勤保障的影响[J].情报杂志,2006,25(9):58-63.

[17] 国防大学后勤教研室.战略后勤学教程[M].北京:国防大学出版社,1996.

[18] 王厚卿.战役学教程[M].北京:国防大学出版社,1989.

# 第2篇 导弹力量作战中的装备保障指挥决策方法

# 第3章  常规导弹力量装备保障指挥决策体系

## 3.1 引　　言

装备保障指挥是指装备保障指挥人员及其指挥机关对所属作战力量的装备保障行动所进行的组织领导活动[1]。装备保障指挥的任务是合理配置和正确运用装备,控制和协调装备保障行动,组织装备协同与防卫,提高装备使用与维修效率[2]。实现信息化战争条件下的装备保障指挥自动化、智能化,是未来高技术战争对装备保障提出的新要求,也是装备建设的发展趋势,对常规导弹力量的装备保障指挥决策来说更是如此。常规导弹力量装备保障指挥决策体系是实施常规导弹力量装备保障指挥的基础,本章将对常规导弹装备保障指挥决策体系进行研究。

## 3.2 常规导弹力量装备保障指挥决策体系的现状

目前,常规导弹力量的装备保障指挥决策体系主要包括以下几个部分:

(1)明确装备保障指挥的目标。装备保障指挥主要包括装备的维修、保障指挥和装备的作战指挥。在战争中装备保障指挥的目标不同,制定的指挥决策也不相同。

(2)掌握战区的战场环境和装备的性能和状态。装备的性能和状态是装备保障指挥员在调动装备时必须要掌握的信息,而对于常规导弹力量来说,装备类型和数量比较多,一般来说主要分为主战装备和保障装备两类。装备不同,在战争中所担负的任务也就不同。主战装备主要包括一些特种车辆和常规导弹等,保障装备主要为主战装备提供保障。只有掌握了足够的装备信息和战场环境信息,决策者才能够根据装备保障指挥的目标进行决策,制定装备保障指挥的各种方案。

(3)制定装备保障指挥方案,这是装备保障指挥决策的核心。根据装备保障指挥的目标和对装备信息的了解,组织作战保障辅助决策人员制定装备保障指挥的各种预案。

(4)进行装备保障指挥决策。根据制定的各种装备保障预案,常规导弹力量装备保障指挥员根据实际情况做出决策。

常规导弹力量装备保障指挥决策主要分为以下几个步骤：

第一步，各作战单位根据本单位战时担负的作战任务以及本单位所处的战斗区域的战场环境和装备的性能、状态制定装备保障预案。

对于常规导弹力量来说，主战装备的性能以及对主战装备的保障、使用，对战争起着重要的作用，可以说常规导弹的作战指挥主要是对装备的指挥。就目前情况来看，平时的装备信息更新速度受人为因素的影响比较大，有些基层单位没有对装备的各种信息进行及时更新，而且目前我军常规导弹力量对所处战场的感知能力还比较低，战场透明度不够，这也为决策者做出正确的决策增加了难度。

第二步，通过模拟推演，使常规导弹力量的各级装备保障人员熟悉装备保障预案，明白各自在装备保障中的任务、职责和战斗位置。为了能够让决策者以及各级装备保障人员掌握自己在战场中的职责、任务和战场中的位置，常规导弹力量一般会经常组织各级装备保障指挥员在假想敌的基础上进行战争推演。在推演过程中，各作战单位根据作战预案中自己所担负的任务、装备的情况以及所处的状态，在沙盘或者其他一些辅助设施上，模拟战争状态下各单位的装备和人员的调动，并定期组织人员赴预定区域了解未来的战场环境。

第三步，通过军事演习、野外驻训等类似于实战的装备保障指挥演练，使各作战单位熟悉在战争状态下装备、物资、人员的指挥与调动，为将来战时能够迅速调动装备、人员、物资，快速进入战争状态做准备。

第四步，在不同的任务状态下，常规导弹力量的装备保障指挥员按照预案和平时的演练进行决策，迅速调动人员、装备。

## 3.3 常规导弹力量装备保障指挥决策体系的不足

由常规导弹力量装备保障指挥决策的现状可以看出，当前常规导弹力量装备保障指挥决策体系主要存在以下不足：

(1) 常规导弹力量各作战单位的装备保障预案是根据战前赋予的作战任务来制定的，难以适应处于变化中的战场情况。虽然通过制定装备保障预案，能够在战争初期起到快速反应的作用，但是，国际环境不断变化，对手的情况也在不断变化，战争的突然性使得我们很难预料作战对象变化。而且未来的战争复杂多变，仅仅依靠提前制定装备保障预案是不够的，还要考虑战场上的突发事件，这就需要根据战场环境的变化快速制定与之相适应的装备保障指挥决策，而在战前我们是不可能充分考虑战场变化的。另外，战争状态下的战场环境、装备性能与状态也会发生变化，可能出现道路被摧毁、装备发生故障等一系列问题，按照预案是不能够制定正确的装备保障指挥决策方案的。因此，我军常规导弹力量目前的装备保障指挥决策体系的灵活性还不够。

(2)装备保障指挥决策的制定耗时长,不能随机应变。目前,常规导弹力量装备保障指挥决策方案的制定还主要是依靠人力,这种模式耗时长,需要大量资源。另外,战场环境复杂多变,包含大量信息,仅仅依靠人力很难做出最优方案。不仅如此,战争中随着作战进程的推进,装备保障任务会发生很大的变化,利用人力或简单的计算机软件程序进行信息处理,耗时长,容易贻误战机,会造成不必要的损失。

未来战争是信息化条件下的高科技战争,只有依靠先进的科学技术才能在未来的战争中把握先机。因此,有必要深入研究信息化条件下常规导弹力量装备保障指挥决策体系。

## 3.4 信息化条件下的常规导弹力量装备保障指挥决策体系结构

常规导弹力量装备类型复杂,且数量多、分布地域广,因此,对常规导弹力量装备保障指挥决策者来说,要充分掌握装备的性能、技战术指标以及所处的位置非常困难,这也为决策者做出正确的判断设置了障碍。因此,在未来信息化条件下常规导弹力量装备保障指挥辅助决策体系中,信息传输与通信、信息管理是两个不可或缺的部分[3]。除此以外,信息化条件下常规导弹力量装备保障指挥决策体系还存在一些其他要素,主要有信息传输与通信、信息管理、常规导弹装备保障指挥辅助决策、战场可视化和决策者。

信息传输与通信是常规导弹力量装备保障指挥决策体系中不可缺少的部分。现代战争是信息化条件下的战争,战争中的信息数据量不断增大,决策者要通过信息传输与通信系统了解装备与战场环境的具体情况。

信息管理主要包括两方面:①装备的信息管理,包括装备的技术状态、性能和所在位置等;②战场的信息管理,包括常规导弹力量分布区域的地形、地貌、天气和道路交通等。信息管理系统通过信息传输与通信对其存储的信息数据进行实时更新。

未来战争中,战场环境瞬息万变,信息数据量不断增加,信息错综复杂,决策者仅靠直觉和经验很难做出及时、准确的判断,因此需要设计专门的常规导弹力量装备保障指挥辅助决策软件,来辅助决策者进行决策。同时,还应尽可能地使决策者更加直观地了解战场态势、装备性能以及各种装备保障辅助决策方案,因此,战场可视化是常规导弹力量装备保障指挥决策体系中不可缺少的部分[4-5]。

常规导弹力量装备保障指挥辅助决策是常规导弹力量装备保障指挥决策体系的核心,是根据装备保障指挥决策的类型(装备保障指挥、装备作战指挥等)对信息管理系统中的数据进行分析、处理,进而生成装备保障辅助决策方案的过程,是实现装备保障指挥"自动化、智能化"的重要组成部分。

战场可视化是将信息系统中的战场信息与装备信息糅合在一起并以可视画面的形式将战场态势与装备信息呈现给决策者,为决策者选择装备保障指挥决策方案提供更为直观的依据。

决策者是常规导弹力量装备保障指挥的决断人,决策者通过对战场环境的认识以及常规导弹力量装备保障指挥辅助决策系统提供的决策方案,确定最终的装备保障方案。

通过对常规导弹力量装备保障指挥决策体系要素的初步分析,可将常规导弹力量装备保障指挥决策体系结构表示为图 3.1。下面分别对各要素进行详细介绍。

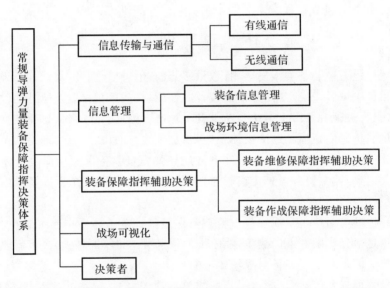

图 3.1 常规导弹装备保障指挥决策体系结构

## 3.4.1 信息传输与通信

信息传输与通信是常规导弹力量装备保障指挥决策的重要辅助手段。常规导弹力量的装备在作战的情况下比较分散,而且作战机动半径大,作战范围广,只有通过及时的通信将各种战场环境和装备信息传输给指挥机构,决策者才能够通过对信息的分析及时做出正确的判断[6]。目前的信息传输与通信系统主要由有线通信系统和无线通信系统两部分组成。

对常规导弹力量来说,有线通信系统的优势主要在于信号好,抗干扰能力强,安全可靠。常规导弹力量是战时敌方打击的重要目标,因此,要保证常规导弹通信的安全性、行动的隐蔽性,有线通信是一种很好的选择,特别是常规导弹装备在露天作业,只利用伪装的情况下的通信。但是,有线通信系统也存在着不足,有线通信成本高,建设难度大,建设时间长。此外,有线通信受地理位置的限制较多,部署不够灵活,且易受到破坏。

无线通信系统主要采用两种方式:无线电台通信和卫星通信系统,其中无线电台是重要的无线通信方式。无线通信系统最大的优势是简单便利、成本低,适用于分布范围广、机动性强的常规导弹力量。特别是卫星通信,比无线电台受地形、距离和气候的影响要小,使用起来更加方便。

但是无线通信的缺点也是比较明显的,主要表现在以下几方面:

(1)通信信息不够安全。当通信信息以电磁波的形式在空中传输的时候容易被敌方截获、破译,造成失泄密,这是无线通信的最大缺陷之一。

(2)无线通信可靠性差。无线电波易被敌方干扰,造成信号中断,使信息不能够及时有效地传输,从而造成信息延误。

(3)随着科技的不断发展,卫星定位系统的能力不断增强,敌方可以通过无线电波的收发来确定我方所在的位置,从而使我方成为被打击的目标。

在信息化战争条件下,准确及时的信息通信是战争胜利的基础,对于常规导弹力量来说尤为如此,因此有必要在现有信息通信系统的基础上对常规导弹力量的信息通信系统进行改进,以便更好地发挥常规导弹力量在未来战争中的作用。针对目前我国信息传输通信系统的现状,可从以下四方面入手:

(1)充分发挥军民融合优势,有效利用民用通信系统。目前我国的民用通信系统比较发达,可以不夸张地说,目前在我国,只要有人住的地方就有通信系统,包括有线通信和无线通信。对于常规导弹力量来说,建立独立的通信系统成本高、时间长,且维护复杂,而利用民用通信系统可有效弥补军用通信系统的不足。

(2)完善现有的信息通信网络。目前,我军常规导弹力量的信息通信网络与常规导弹的机动范围相比还比较薄弱,因此,有必要在现有信息通信网络的基础上进一步完善,主要方式包括扩大常规导弹力量作战区域内有线通信系统的覆盖范围和增加信息通信网络中节点的分布密度。

(3)进一步发展抗干扰能力强、安全稳定的无线通信技术。目前,常规导弹力量的无线通信系统还不够完善,但从常规导弹力量的作战特点来说,无线通信又是理想的通信方式,因此,发展可靠的无线通信系统是信息化条件下常规导弹力量信息通信的发展方向。随着我国无线通信技术的发展,信息化战争中信息通信最终将达到有线通信方式和无线通信方式的有机结合,形成一套安全可靠、简便灵活的信息通信网络系统。

(4)提高信息通信系统软件的安全性。信息通信系统的安全是战时要防范的一个重要缺口,而提高信息通信系统安全性的首要任务就是从技术手段上进行防范,这就需要提高信息通信系统软件的安全性和可靠性。

### 3.4.2 信息管理

信息管理是常规导弹力量装备保障指挥决策体系的重要组成部分,它为各级装备保障指挥管理部门提供及时准确的各种信息。信息管理系统主要收集、存储两大类信息:装备信息和战场环境信息。信息管理系统是许多部分有机的结合,一般的装备信息管理系统的信息主要由装备科研管理信息和装备使用管理信息、装备的维修管理信息、装备储存管理信息、装备退役(报废)管理信息等组成,对于常规导弹力量来说,除了这些以外,装备信息管理系统还包含一些特殊装备所处的状态、性能和位置信息。其中,装备的状态、性能和位置信息在战争状态下特别重要,需要进行实时更新。战场环境也是决策者在做决策时考虑的重点之一,而对于常规导弹力量来说,影响装备保障指挥决策的战场环境信息主要有战场上的道路交通、战场天气、战场地形及一些其他信息。常规导弹力量装备仿真管理的信息构成如图3.2所示。

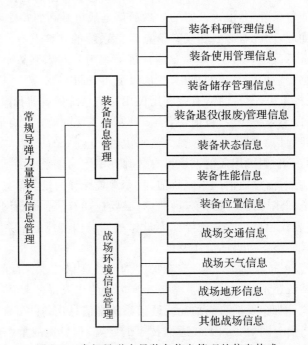

图3.2 常规导弹力量装备信息管理的信息构成

目前,信息管理系统的结构主要有两种:一种是中心式结构信息管理系统,另一种是网格式结构信息管理系统。

中心式结构信息管理模式是一种传统的信息系统模式[7],是基于Client/Server或Client/Cluster架构,由一台计算机服务器负责信息的管理,各装备使用单位配有信息采集终端或者终端服务器,这些终端可以对数据进行采集和实时更新,如图3.3所示。这种信息管理结构模式优势主要在于安全性能好,终端只能对数据进行更新或者采集数据信息,而不能对数据库进行操作,而且各种数据比较集中,在进行决策指挥时信息比较全面。但是随着装备信息化的发展,信息量越来越大,信息组织机构的互联网技术(Internet Technology,IT)系统对计算能力和计算实时性要求不断增长,传统的解决方法是构建高速网络、增加功能和性能更加强大的大规模计算系统以及采用高性能存储系统适应高峰负载,并为IT系统配备更多人员处理及时请求,这无疑增加了人力、财力和物力的投入,而且许多现有的系统都没有得到充分的应用。另外,信息孤岛的存在,使得资源的利用率非常低,系统运行比较缓慢,并且维护费用昂贵。除此之外,一旦中心计算机出现故障,整个系统就会陷入瘫痪,因此,其可靠性不高。为了解决这个问题,一般都采用多台备用服务器,而且将数据及时进行备份,一旦服务器出现问题,即刻启用备用服务器。

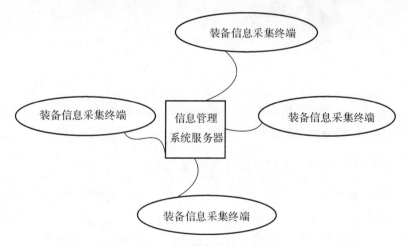

图3.3 中心式结构信息管理系统结构图

网格式结构装备信息管理系统是基于网格计算和高速互联网的一种新型高性能分布式信息管理处理系统[8],是装备信息管理系统正在发展的一个方向。它提供了一个自适应的软件基础架构,将高速互联网、高性能计算机、大型数据库、传感器和远程设备等融为一体,对计算资源进行大规模共享,从而满足海量计算的要求,并且这种对计算资源进行大规模的共享是动态的、柔性的、安全的和协作式的,从而能够以低成本获得高性能和可靠性,其统一管理的特点允许信息管理者简便地在网格中管理所有的信息。

网格式结构装备信息管理系统的核心是网格计算。网格计算能实现互联网上所有资源的全面连通,包括计算资源、存储资源、通信资源、软件资源、信息资源和知识资源等,因而网格计算提供了一个自适应的软件基础架构,通过高速网络把分散在不同地理位置的计算机组织成一个"虚拟的超级计算机",如图 3.4 所示。其中,每一台参与计算的计算机就是一个"节点",而整个计算是由成千上万个"节点"组成的一张"网格"来完成的。这样组织起来的"虚拟的超级计算机"有两个优势:一个是数据处理能力超强;另一个是能充分利用网上的闲置处理能力[9]。

图 3.4 网格计算

在常规导弹力量的装备保障指挥决策系统中,按照目前常规导弹力量的编制体制,可以将这两种信息管理系统的结构有机结合起来使用。

### 3.4.3 常规导弹力量装备保障指挥辅助决策

装备保障指挥辅助决策是常规导弹力量装备保障指挥决策体系的核心[10]。装备保障指挥辅助决策系统根据装备保障决策问题的决策类型和决策目标,利用建立的装备保障指挥辅助决策模型对信息管理系统中的相关数据进行处理分析,通过模型求解,为决策者提供可行、合理或者较优的装备保障方案供决策者选择。要实现对装备保障指挥的有效辅助决策,关键是建立常规导弹力量装备保障指挥辅助决策模型,这也正是本篇的重点研究内容。

### 3.4.4 战场可视化

辅助决策系统都应具有良好的人机交互能力,协调人脑和电脑的工作,完成人脑和电脑的沟通[11-12]。常规导弹力量的装备信息,特别是主战装备的信息,包括装备的性能、状态、位置以及战场环境信息,是装备保障指挥中决策者关心的重点。常规导弹力量装备保障指挥决策系统的战场可视化主要是将战场中的战场环境信息、装备信息以及装备保障辅助决策系统生成的方案直观地提供给决策者,使决策者更为清楚地了解常规导弹力量装备保障的进程和状态。

常规导弹力量装备保障指挥决策的战场可视化主要利用的是计算机模拟技术,它将随时更新的信息管理系统中的数据转化为可视图像,展现在决策者的面前。

### 3.4.5 决策者

计算机不能代替人脑,辅助决策不能取代人工决策,决策活动本身是由决策者来完成的。决策者是常规导弹力量装备保障指挥决策体系中的核心人员,一般为常规导弹力量的指挥员。决策者通过对战场环境的分析,以及装备的各种信息,结合经验知识,再加上个人的智力活动,从常规导弹辅助决策系统提供的各种装备保障方案中进行选择决断。

## 本 章 小 结

本章通过分析常规导弹力量的装备保障指挥决策体系结构的现状以及存在的不足,提出了信息化高技术战争条件下常规导弹力量装备保障指挥决策的体系结构,并在此基础上完善了信息化条件下装备保障指挥决策的理论体系,为常规导弹力量装备保障指挥辅助决策建模打下基础。

## 参 考 文 献

[1] 宋华文.新一代装备指挥训练模拟系统总体分析与设计[J].装备指挥技术学院学报,2004,15(1):27-30.
[2] 王钰,宋华文,王凭慧.装备指挥自动化平台总体分析[J].装备指挥技术学院学报,2002,13(3):6-9.
[3] 董贵山.加快联合作战装备指挥建设[J].国防大学学报,2002(4):82-84.
[4] SHOHAM Y. Agent Oriented Programming[J]. Artificial Intelligence,1993(1):5-8.
[5] 黄念初,李宪.可视化装备保障指挥系统的构建设想[C]//中国兵工学会维修专业委员会年会论文集.北京:兵器工业出版社,2004:105-107.
[6] 夏良华,龚传信.装备保障指挥控制系统柔性研究[J].装备指挥技术学院学报,2003,14(5):20-23.
[7] 张晓琴,于洪敏,田建章.基于Petri网的集团军装备指挥流程建模[J].科学技术与工程,2007,7(4):656-659.

[8] INMON W H. Building the Data Warehouse[M]. 2nd ed. NewYork: John Wiley & Sons, Inc., 1996: 1 - 32.

[9] 张宣,陈云翔,朱荣昌. 网格构建装备管理信息系统研究[J]. 计算机工程与设计,2006(12):2211 - 2212.

[10] 孙宏,张志华. 试论一体化联合作战装备指挥体系[J]. 装备指挥技术学院学报,2005,16(3):7 - 10.

[11] 赵明星,黄镇圣. 装备指挥想定生成方案规范化研究[J]. 系统仿真技术及应用,2008,8(3):504 - 507.

[12] 喻鹏,于同敏. 基于.NET 的武器装备管理信息系统[J]. 兵工自动化,2008,27(1):33 - 34.

# 第 4 章 常规导弹力量装备保障指挥决策中的保障装备需求分析

## 4.1 引　言

精确性是现代装备保障指挥决策最为显著特点之一,其集中表现在诸作战要素及装备资源的合理配置和恰当运用上。人员、装备和经费是常规导弹力量装备保障指挥决策的决策对象,在这三个决策对象中,又以对装备资源的使用和调度最为重要[1]。因此,合理地确定常规导弹力量装备保障指挥决策中的装备资源需求量是实施高效、精确化装备保障指挥决策的依据和前提[2-3]。

常规导弹作战中的装备资源需求包括对作战装备和保障装备的需求,对于作战装备的需求量问题,由于常规导弹作战体制编制和战术要求已经对主战装备的数量形成了固定约束,作战中主战武器系统以及保障系统必须满足一定的比例,所以常规导弹装备保障指挥决策中的装备需求主要是指对保障装备资源的需求。本章主要研究常规导弹作战中的保障装备需求量问题,通过建立保障装备需求量优化模型,实现常规导弹保障装备需求的定量预测分析。

## 4.2 常规导弹力量保障装备需求建模准备

### 4.2.1 常规导弹力量保障装备需求问题描述

常规导弹保障装备是武器系统中专用的完成测试、维修、储存、装载、运输和训练等保障功能的装备或设备,是常规导弹武器系统的重要组成部分。随着武器系统向信息化、智能化、一体化发展,保障装备的规模也不断增大,对武器系统形成、保持和恢复战斗力起着越来越至关重要的作用。

影响保障装备需求量的因素中除了保障装备的使用性能外,保障装备使用过程中的可靠性(Reliability,R)、维修性(Maintainability,M)和保障性(Supportability,S)也是需要考虑的重要因素,因此在确定保障装备需求量时,必须考虑保障装备的 RMS 属性[4-5]。此外,效费比最佳一直是装备保障追求的目标,同时也是评价其质量的重要标志。武器装备的高性能与复杂化,使得研制、生产、使用和保障费用急剧增加,而其中的使用和保障费用尤为显著,其结果是高费用等于无效,这迫使人们研究必须减少使用与保障费用,因此,在常规导弹保障装备需求分析中,必须考虑保障装备的全寿命费用问题。

因此,考虑 RMS 因素的常规导弹作战保障装备需求量问题,实质上是在任务完成能力、战术要求的约束下以费用最小化为目标的装备需求量优化问题[6-8]。

#### 4.2.2 常规导弹力量保障装备需求问题的约束条件

(1)任务完成能力。任务完成能力是表征保障装备作战单元在执行作战任务时,能够在规定的时间完成规定的任务功能且任务执行结果能够满足预期军事需求的一种能力。在此实质上主要考虑的是保障装备系统的可靠性问题。

(2)费用。这里的费用主要是指任务完成过程中,装备的购买费用、平均维修费用和磨损费用。在作战中应尽量在完成作战任务的前提下缩减各项费用。

(3)战术要求对保障装备数量的约束。作战时,武器系统以及保障系统必须满足一定的比例。

## 4.3 常规导弹力量保障装备需求模型

### 4.3.1 模型建立

以最小费用为目标函数,以保障装备任务完成能力与保障装备数量之间的关系为约束,建立常规导弹保障装备需求量综合优化模型为

$$\min f = \sum_{i=1}^{m} C_i \sum_{j=1}^{o} x_{ij} \quad (4.1)$$

$$\text{s.t.} \begin{cases} \prod_{i=1}^{m} p_{ij}(x_{ij}) = \prod_{i=1}^{m} A_{ij}(x_{ij}) D_{ij}(x_{ij}) \geqslant p_j^* \\ \sum_{j=1}^{o} x_{ij} \geqslant n_i, \quad i=1,2,\cdots,m; j=1,2,\cdots,o \end{cases} \quad (4.2)$$

式中,$x_{ij}$ 为第 $j$ 个任务阶段第 $i$ 类保障装备需求数量,为决策变量;$C_i$ 为第 $i$ 类保障装备单位费用;$o$ 为任务阶段数;$m$ 为保障装备种类数;$A_{ij}$ 为在第 $j$ 个任务阶段 $i$ 类装备系统(表决系统或者冷储备系统)的可用度,是关于 $x_{ij}$ 的函数;$D_{ij}$ 为在第 $j$ 个任务阶段第 $i$ 类保障装备系统(表决系统或者冷储备系统)的可信度,是关于 $x_{ij}$ 的函数;$p_{ij}$ 为第 $j$ 个任务阶段第 $i$ 类保障装备的任务完成能力;$p_j^*$ 为第 $j$ 个任务阶段的保障装备系统的任务完成能力要求;$n_i$ 为第 $i$ 类保障装备在作战阶段的总需求量要求。

### 4.3.2 装备可用度及可信度的计算

任务阶段中,同种保障装备的工作形式分为表决系统和冷储备系统两种:参与

任务的同种装备的工作状态都一样时,工作逻辑关系就用 $k/n(G)$ 系统表示;当冗余的保障装备是以储备的形式工作时,同种保障装备的工作逻辑关系就用冷储备系统来表示,而不同种类保障装备之间的逻辑关系用串联系统来表示。各个任务阶段各种保障装备总的任务完成能力表示为

$$P = \prod_{j=1}^{o} p_j = \prod_{j=1}^{o} \prod_{i=1}^{m} p_{ij} = \prod_{j=1}^{o} \prod_{i=1}^{m} A_{ij} D_{ij} \quad (4.3)$$

式中,$o$ 为任务阶段数;$m$ 为保障装备种类数;$p_j$ 为第 $j$ 个任务阶段的保障装备系统的任务完成能力;$p_{ij}$ 为第 $j$ 个任务阶段第 $i$ 类保障装备的任务完成能力;$A_{ij}$ 为在第 $j$ 个任务阶段第 $i$ 类保障装备系统(表决系统或者冷储备系统)的可用度;$D_{ij}$ 为在第 $j$ 个任务阶段第 $i$ 类保障装备系统(表决系统或者冷储备系统)的可信度。

下面说明计算 $A_{ij}$ 和 $D_{ij}$。这里假设单个保障装备可靠度与维修度都服从指数分布,$k/n(G)$ 系统与冷储备系统都认为是马尔可夫可修系统。

保障装备 $i$ 在任务阶段 $j$ 的故障率

$$\lambda = \frac{1}{t_\theta} \quad (4.4)$$

式中,$t_\theta$ 为装备的平均故障间隔时间。

保障装备 $i$ 在任务阶段 $j$ 的维修率

$$\mu = \frac{1}{t_\beta + t_\alpha} \quad (4.5)$$

式中,$t_\beta$ 为装备的平均修复时间;$t_\alpha$ 为装备的平均后勤延误时间。

保障装备 $i$ 在任务阶段 $j$ 的可靠度

$$R = e^{-\lambda t} \quad (4.6)$$

式中,$t$ 为任务阶段持续时间。

保障装备 $i$ 在任务阶段 $j$ 的维修度

$$M = e^{-\lambda t_m} \quad (4.7)$$

式中,$t_m$ 为任务阶段维修时间。

$k/n(G)$ 系统(表决系统)由 $n$ 个装备组成,当 $n$ 个装备中有 $k$ 个或 $k$ 个以上装备正常工作时,系统才正常工作。$k/n(G)$ 系统($n$ 中取 $k$ 的表决系统)的可用度

$$A_{n/k} = \frac{\sum_{i=k}^{n} \frac{1}{i!}\left(\frac{\mu}{\lambda}\right)^i}{\sum_{i=k-1}^{n} \frac{1}{i!}\left(\frac{\mu}{\lambda}\right)^i} \quad (4.8)$$

$k/n(G)$ 系统($n$ 中取 $k$ 的表决系统)的可信度

$$D_{n/k} = \sum_{i=k}^{n} C_n^i R^i (1-R)^{n-i} + \left[1 - \sum_{i=k}^{n} C_n^i R^i (1-R)^{n-i}\right] M \quad (4.9)$$

冷储备系统由 $n$ 个装备组成。在初始时刻,$k$ 个装备开始工作,其余 $n-k$ 个

装备作冷储备。当工作部件失效时,储备部件逐个地去替换,直到所有部件都失效时,系统就失效。冷储备系统可用度

$$A_{\text{ST}} = \frac{\mu^{n+1} - \lambda^n \mu}{\mu^{n+1} - \lambda^{n+1}} \tag{4.10}$$

冷储备系统的可信度

$$D_{\text{ST}} = \sum_{i=0}^{n-k} \frac{(k\lambda t)^i}{i!} e^{-k\lambda t} + \left[1 - \sum_{i=0}^{n-k} \frac{(k\lambda t)^i}{i!} e^{-k\lambda t}\right] M \tag{4.11}$$

为了使公式更加简洁,式(4.2)~式(4.9)没有标注下标$i$与$j$,但是在具体求解的过程中每种装备在每个阶段都要根据数据进行相应的具体计算。

## 4.4 常规导弹保障装备需求模型求解

### 4.4.1 模型求解的输入条件

模型求解主要考虑保障装备在可靠性、维修性与保障性因素影响下的需求量,在整个作战阶段第$i$类保障装备的总需求量$n_i$是给定的,建模的目的是通过考虑RMS因素来确定各任务阶段的各类保障装备需求量,以保证整个作战阶段的保障装备数量满足作战的需要。各类保障装备在各个任务阶段的平均故障间隔时间(Mean Time Between Failure,MTBF)、平均修复时间(Mean Time For Repairing,MTFR)和平均后勤延误时间(Mean Logistics Delay Time,MLDT)是给定的。此外,各任务阶段的持续时间与维修时间、各类装备单位费用$C_i$、各个阶段的任务完成能力要求$p_j^*$和战术要求对保障装备数量的约束都是给定的。

### 4.4.2 模型求解算法设计

以上建立的常规导弹保障装备需求模型为非线性整数优化模型,其求解一直是最优化理论中的难点。遗传算法(Genetic Algorithm,GA)作为一种随机智能搜索算法,具有良好的全局寻优性能,但其局部搜索能力不足,易陷入局部最优解,而模拟退火算法(Simulated Annealing,SA)具有较强的局部搜索能力,能使搜索过程避免陷入局部最优解,因此,如果将遗传算法与模拟退火算法相融合,则可能开发出性能优良的全局搜索算法。

因此,采用基于动态收敛准则的遗传模拟退火算法[9-10]求解常规导弹装备保障指挥决策中的保障装备需求模型。

1. 编码方案

采用多参数映射编码方法,每一个个体表示一种可能的保障装备需求方案,用整数编码表示。若保障装备种类数为$m$,任务阶段数为$o$,则代表保障装备需求方

案的编码长度为 $m \times o$,每类保障装备在每个阶段的"冗余量"取值范围为$\{0,1,2,\cdots,n\}$。

每个染色体由一个保障装备需求矩阵组成,表示一种保障装备需求分配方案。任一染色体共由 $o$ 基因段构成,对应 $o$ 个任务阶段;每个基因段包含 $m$ 个基因,对应 $m$ 类保障装备;任一基因位的码值均为整数,其中第 $j$ 个基因段的第 $i$ 个基因位的码值表示第 $i$ 类保障装备在第 $j$ 个任务阶段的需求数量。

例如,取 $o=2$,$m=5$,保障装备在每个任务阶段的"冗余量"取值范围为$\{0,1,2,\cdots,12\}$,种群中的一个染色体编码如图 4.1 所示。

图 4.1 单个染色体编码示意图

图 4.1 中染色体由 2 个基因段构成,对应 2 个任务阶段,其中前 5 个基因位构成第一个基因段,后 5 个基因位构成第二个基因段。其解码意义是:在第一个任务阶段,各类保障装备的需求数量分别为 9,7,0,8,3;在第二个任务阶段,各类保障装备的需求数量分别为 0,6,10,9,11。采用整数编码方案的显著优点是直观明了,无须译码,有效降低了染色体长度,提高了遗传操作速度。

根据以上编码方案,采用随机产生的方法生成初始种群。

2.适应度函数设计

采用精确罚函数法对约束条件进行处理。

首先式(4.1)中的目标函数转化为极大值形式 $\max f(\boldsymbol{X}) = -f$,然后采用以下方法进行无约束化。

设决策向量 $\boldsymbol{X}$ 为 $\mathbf{R}^n$ 中的 $n$ 维向量,形式为 $\boldsymbol{X}=[X_1 \quad X_2 \quad \cdots \quad X_n]^T$,一个非线性约束优化问题通常可以描述为下列模型形式:

$$\max \quad f(\boldsymbol{X})$$
$$\text{s.t.} \quad g_i(\boldsymbol{X}) \geqslant 0, \quad i=1,2,\cdots,P$$
$$h_i(\boldsymbol{X}) = 0, \quad i=P,P+1,\cdots,m$$

决策变量 $X_i \in [a_i, b_i]$ $(i=1,2,\cdots,n)$。

采用精确罚函数法将上述约束问题转化为无约束形式

$$\max F(\boldsymbol{X}) = f(\boldsymbol{X}) - \theta \left( \sum_{i=1}^{p} |\min\{0, g_i(\boldsymbol{X})\}| + \sum_{i=p}^{m} |h_j(\boldsymbol{X})| \right) \quad (4.12)$$

式中,$f(\boldsymbol{X})$ 为原始目标函数;$F(\boldsymbol{X})$ 为无约束化后的目标函数;$\theta>0$ 为惩罚因子。

上述问题转化为无约束的非线性整数规划问题,下面的遗传操作是针对此无约束问题进行的。

适应度函数的选取至关重要,直接影响到遗传算法的收敛速度以及能否找到最优解。一般而言,适应度函数是由目标函数变换而成的,但由于上述改进后的目

标函数有可能取负值,所以采用"界限构造法"对目标函数进行变换。令适应度函数为 Fit$[F(\bm{X})]$,则

$$\mathrm{Fit}[F(\bm{X})] = \begin{cases} F(\bm{X}) - C_{\min}, & F(\bm{X}) > C_{\min} \\ 0, & 其他 \end{cases} \quad (4.13)$$

式中,$C_{\min}$ 为 $F(\bm{X})$ 的最小估计值。

3. 退火选择算子

模拟退火算法(Simulated Annealing,SA)是模拟物理系统徐徐退火过程的一种搜索技术。在搜索最优解的过程中,SA 除了可以接受优化解外,还用一个随机接受准则(Metropolis)有限度地接受恶化解,并且使接受恶化解的概率逐渐趋于零,这使算法能尽可能找到全局最优解,并保证算法收敛。

SA 最引人注目的地方是它独特的退火机制,所谓遗传算法(Genetic Algorithm,GA)与 SA 混合算法本质上是引入退火机制的 GA。其策略分为两类:一类是在 GA 遗传操作中引入退火机制,形成基于退火机制的遗传算子;一类是在 GA 迭代过程中引入退火机制,形成所谓退火演化算法。

在 GA 迭代前期适当提高性能较差串进入下一代种群的概率以提高种群多样性,而在 GA 迭代后期适当降低性能较差串(劣解)进入下一代的概率以保证 GA 的收敛性,这是 GA 运行的一种理想模式,退火选择算子(Selection Operator Based on Simulated Annealing)有助于这种模式的实现,其原理是利用退火机制改变串的选择概率,它又有两种形式。

一种形式是采用退火机制对适应度进行拉伸,从而改变选择概率 $P_i$,即

$$P_i = \frac{\mathrm{e}^{f_i/T}}{\sum_{j=1}^{M} \mathrm{e}^{f_j/T}}, \quad T = T_o(0.99^{g-1}) \quad (4.14)$$

式中,$f_j$ 为第 $j$ 个体的适应度;$M$ 为种群规模;$g$ 为遗传代数序号;$T$ 为温度;$T_o$ 为初始温度。

另一种形式是引入模拟退火算法接受解的接受准则对两两竞争选择算子做出改进。设 $i,j$ 为随机选取的两个个体,它们进入下一代的概率为

$$\left. \begin{aligned} P_i &= \begin{cases} 1, & f(i) \geqslant f(j) \\ \mathrm{e}^{\frac{f(i)-f(j)}{T}}, & 其他 \end{cases} \\ P_j &= \begin{cases} 0, & f(i) \geqslant f(j) \\ 1 - \mathrm{e}^{\frac{f(i)-f(j)}{T}}, & 其他 \end{cases} \end{aligned} \right\} \quad (4.15)$$

式中,$f(i),f(j)$ 为个体 $i,j$ 的适应度;$T$ 为温度值。在每一次选择过程之后,$T$ 乘以衰减系数 $a(a<1)$ 以使 $T$ 值下降。

4. 交叉与变异算子

鉴于问题的实际情况,基本遗传算法(Canonical Genetic Algorithm,CGA)的

交叉算子已不再适用,须做改进。根据任务阶段数 $o$ 和保障装备类型数 $m$,将随机配对的两条染色体都划分为 $o$ 个基因段,每个基因段包含 $m$ 个基因,首先采用部分匹配(PMX)交叉算子对两条染色体的对应基因段分别进行段内交叉,然后将两条染色体都作为整体采用单点交叉算子相互交叉。

同样,变异操作也须限制在同一基因段内进行,变异规则可描述如下:

(1)从每个基因段中按一定概率(变异概率)任选一个基因位。

(2)产生一个不大于保障装备最大"冗余量" $n$ 的随机整数替换该基因位的码值。

5. 动态收敛准则

目前采用的 GA 收敛准则主要有以下 3 种方法:

(1)固定遗传代数,到达后即停止。

(2)利用某种判定标准,判定种群已成熟并不再有进化趋势作为中止条件,常用的是根据几代个体平均适应度不变(其差小于某个阈值)这一条件。

(3)根据种群适合度的方差小于某个值为收敛条件,这时种群中各个体适合度已充分趋于一致。

以上 3 种方法各有利弊,而动态收敛准则是在融合以上 3 种方法优点的基础上,提出的一种新的 GA 收敛准则。

首先确定一个基本遗传代数 $G_j$,到达后对遗传代数取一个增量 $\Delta G$,若再经 $\Delta G$ 代后,平均适应度的变化不大于某个阈值,则终止 GA 运行,从最后一代群体中获得当前最优解;否则,再取相同的代数增量 $\Delta G$,继续种群进化。这种动态收敛准则既能保证进化需要,又能避免不必要的遗传,从而在 GA 的收敛性与时间复杂性之间做出均衡。其形式化描述如下:

The population evolves for Gj generations;
G: = Gj;
L: While G<Gj+ΔG do
    { The population evolves;
        G: = G+1 }
If $|\bar{f}_{G+\Delta G} - \bar{f}_G| > \varepsilon$
{ Gj=G;
    go to L }
End

### 4.4.3 模型求解算法流程

在以上算法设计的基础上,基于动态收敛准则的遗传模拟退火算法流程可描述如下:

(1) 进化代数计数器初始化：$d\leftarrow 0$，随机产生初始群体 $P(t)$。
(2) 评价群体 $P(t)$ 中的个体适应度。
(3) 个体交叉操作：$P'(t)\leftarrow \text{Crossover}[P(t)]$。
(4) 个体变异操作：$P''(t)\leftarrow \text{Mutation}[P'(t)]$。
(5) 评价群体 $P'''(t)$ 的适应度。
(6) 个体模拟退火选择操作：$P(t+1)\leftarrow \text{Simulated Annealing}[P''(t)]$。
(7) 收敛条件判断：若不满足终止条件，则 $t\leftarrow t+1$，转到第(2)步，继续进行遗传进化过程；若满足收敛条件，则对遗传代数取一个增量 $\Delta G$ 继续种群进化，若再经 $\Delta G$ 代后，群体平均适应度的变化不大于某个阈值，则终止 GA 运行，从最后一代群体中获得当前最优解，否则，再取相同的代数增量，继续种群进化。

# 本 章 小 结

保障装备需求分析是常规导弹力量装备保障指挥决策的重要组成部分，尤其在武器装备日趋高科技化、体系对抗特征不断增强和战场损伤程度加剧的情况下，装备保障的精确性更加突出，不仅影响具体作战进程，甚至影响整个战争的胜负。本章在分析保障装备需求影响因素的基础上，建立基于任务完成能力、费用和战术要求对装备数量的约束的保障装备需求量优化模型，针对该模型特点设计了基于动态收敛准则的遗传模拟退火求解算法，并通过仿真实验进行了验证。本章建立的模型能够在常规导弹力量装备保障指挥决策中发挥保障装备需求量预测功能，为实现常规导弹力量装备保障精确指挥提供支持。

# 参 考 文 献

[1] 陈晓山,朱建冲,翁辉. 基于效果的装备保障指挥决策与体系控制研究[J]. 现代防御技术,2013,41(4):147-153.
[2] 谷玉波. 装备保障资源确定技术研究与需求分析系统开发[J]. 火力与指挥控制,2013,38(7):152-156.
[3] 张春润. 装备保障需求开发方法[J]. 装甲兵工程学院学报,2012,26(3):14-18.
[4] 马懿,卢昱,陈立云,等. 信息化作战装备保障力量配置问题研究[J]. 运筹与管理,2012,21(5):182-186.
[5] 周伟,王东锋,郭波,等. 战时维修任务动态调度方法研究[J]. 装备指挥技术学院学报,2011,22(4):22-26.
[6] 王晖,吕力,陈绍山. 装备保障指挥决策支持模型体系构建[J]. 装甲兵工程

学院学报,2012,26(3):10-13.

[7] 蔡纪伟,贾云献,孙晓,等.直觉模糊推理的装备保障指挥决策模型[J].火力与指挥控制,2013,38(2):31-34.

[8] 李想,杨英杰,绳慧.战时装备保障力量抽组多目标优化模型研究[J].指挥控制与仿真,2011,33(5):54-57.

[9] 汪民乐,房茂燕.一种提高非线性优化全局收敛性的新型遗传算法[J].第二炮兵工程大学学报,2014,28(3):75-78.

[10] 邓向阳,张立民,黄晓冬.一种基于蚁群优化的装备保障任务调度方法[J].计算机工程,2013,39(2):283-287.

# 第5章 常规导弹力量装备保障指挥辅助决策建模

## 5.1 引　言

常规导弹力量装备保障辅助决策支持系统可以生成各种可能的决策方案,并对不同方案进行分析,通过计算确定最优解(或满意解),在动态变化中形成战略与战役层次的装备保障计划和保障行动程序,而常规导弹力量装备保障指挥辅助决策模型则是实现常规导弹力量装备保障指挥决策"自动化、智能化"的核心[1-2]。常规导弹力量装备保障指挥辅助决策模型的研究主要是根据常规导弹力量装备保障指挥决策的任务来展开的。常规导弹装备保障指挥决策的任务主要有两方面:装备维修保障指挥决策和装备作战保障指挥决策。本章研究的常规导弹力量装备保障指挥决策模型既适用于装备维修保障指挥决策,也适用于装备作战保障指挥决策。

## 5.2 常规导弹力量装备保障指挥辅助决策建模准备

### 5.2.1 建模环境分析

常规导弹力量装备保障指挥辅助决策模型是基于复杂的战场环境和装备信息的,因此,在建立常规导弹装备保障指挥辅助决策模型之前要对各种信息进行处理,再利用相应的优化算法制定各种保障指挥方案。

在建立常规导弹力量的装备保障指挥辅助决策模型之前,首先将战场环境抽象为一个动态网络图。其中,以道路为边,各种阵地、交叉路口和重要位置等作为网络中的节点,对其进行编号。如果战区中的某条道路被摧毁,则假设这条道路不存在,取消抽象图中对应的点之间的连线。由于战场环境瞬息万变,所以,战场环境网络图随着时间的改变而改变。图5.1为一个战场环境抽象图,图中共有16个重要的位置,将其编号,按照道路的情况进行排列。

按照节点代表的类型对其分类,利用不同的集合表示。如节点 1,3,4,5,6,10,11 表示图 5.1 中的交叉路口,$C$ 表示此类节点组成的集合,则
$$C=\{1,3,4,5,6,10,11\}$$
节点 2,7,8,12,13,14,15,16 表示发射阵地,$F$ 表示此类节点组成的集合,则
$$F=\{2,7,8,12,13,14,15,16\}$$
节点 4 表示野战转运站,$T$ 表示此类节点组成的集合,则
$$T=\{4\}$$
网络图中任意两点之间的距离用矩阵来表示,设此矩阵为 $\boldsymbol{D}$,则
$$\boldsymbol{D}=\begin{bmatrix} d_{1,1} & d_{1,2} & \cdots & d_{1,16} \\ d_{2,1} & d_{2,2} & \cdots & d_{2,16} \\ \vdots & \vdots & & \vdots \\ d_{16,1} & d_{16,2} & \cdots & d_{16,16} \end{bmatrix}$$
式中,$d_{i,j}$ 为点 $i$ 至点 $j$ 间的距离;当点 $i$ 与点 $j$ 之间没有连线时,令 $d_{i,j}=0$。

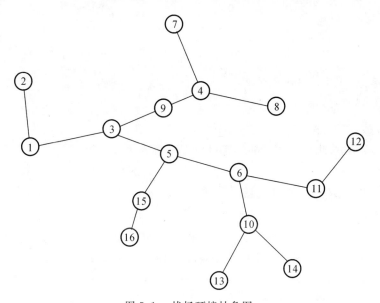

图 5.1 战场环境抽象图

各种装备则以动态点的形式添加到战场环境网络图中,构成战场态势网络图,一旦装备被摧毁,这个点将在战场态势网络图中消失。

每一台装备所处的位置主要有两类:一类为在路上,另一类为在网络图中某一节点上。因此,装备的位置可以用矩阵表示为

$$L = \begin{bmatrix} m_1 & p_{11} & p_{12} & d_1 \\ m_2 & p_{21} & p_{22} & d_2 \\ \vdots & \vdots & \vdots & \vdots \\ m_i & p_i & 0 & 0 \\ \vdots & \vdots & \vdots & \vdots \\ m_n & p_{n1} & p_{n2} & d_n \end{bmatrix}$$

式中,$m_i$ 为第 $i$ 台装备;$p_{i1}$ 为装备 $i$ 所在某段路的起点编号;$p_{i2}$ 为装备 $i$ 所在某段路的终点编号;$p_i$ 为装备 $i$ 所处的位置;$d_i$ 为装备 $i$ 距 $p_{i1}$ 的距离。

对于常规导弹力量来说,装备可分为特种装备和普通装备,而且有些装备可以机动,有些装备不可以机动或者出现故障后不能机动,因此,在装备的位置矩阵中添加两列,分别表示装备的类型和状态(能否机动)。将装备的类型列加在第二列,装备的状态列加在第三列,此时,装备类型位置状态矩阵

$$P_S = \begin{bmatrix} m_1 & t_1 & st_1 & p_{11} & p_{12} & d_1 \\ m_2 & t_2 & st_2 & p_{21} & p_{22} & d_2 \\ \vdots & \vdots & \vdots & \vdots & \vdots & \vdots \\ m_i & t_i & st_i & p_i & 0 & 0 \\ \vdots & \vdots & \vdots & \vdots & \vdots & \vdots \\ m_n & t_n & st_n & p_{n1} & p_{n2} & d_n \end{bmatrix}$$

式中,$t_i$ 为编号为 $m_i$ 的装备的类型,0 为普通装备,1 为特种装备;$st_i$ 为编号为 $m_i$ 的装备的状态,0 为不能机动,1 为可以机动。

假设战区中有一台特种装备,编号为 1,处在节点 3~节点 5 的道路上,距离节点 3 的距离为 $d$,此时装备 1 的位置可以用向量表示

$$l_1 = (1,1,1,3,5,d)$$

假设某台编号为 2 的特种装备处在节点 7 处,则装备 2 的位置可用向量 $l_2 = (2,1,1,7,0,0)$ 表示。

另外,由于装备类型不同,装备的指挥决策也不相同,所以有必要对装备进行分类。将同一类装备用一个集合表示,如所有发射车组成的集合可以用集合表示

$$\text{LC} = \{m_1, m_2, \cdots, m_l\}$$

式中,$m_i$ 为第 $i$ 辆发射车的编号。

### 5.2.2 基于危险系数和行动时间的装备危险度

战时情况下装备保障指挥决策的一个重要依据是装备在战场中的危险度。

**定义 5.1** 装备危险度:某一装备在某一区域机动时的危险程度称为该装备在这一区域的危险度。

危险度 $D$ 是衡量装备在某一区域机动时被摧毁的可能性的度量,它与装备在某一区域的危险系数 $s_w$ 和装备在此区域的时间 $t$ 有关。在同一区域,即危险系数相同的情况下,装备待的时间越长,危险度越高;在不同区域,在相同的时间内,危险系数越高,危险度就越高。因此装备的危险度与危险时间和危险系数成正比。某台装备在某一区域的危险度可定义为

$$D = ks_w t \tag{5.1}$$

式中,$k$ 为比例系数。

要使式(5.1)发挥作用,确定装备在某区域的危险系数是一项重要的任务。装备在某一区域的危险系数,与敌方对这一区域的侦察能力有重要的关系,因此,装备在某一区域的危险系数以装备被敌方发现的概率为基础。被敌方发现的概率越高,危险系数就越高;被敌方发现的概率越低,危险系数就越低。另外,装备不同,在战场区域和战场环境不同,装备被敌方发现的概率也不相同,因此,危险系数也不同。敌方对装备的侦察能力与我方的装备类型、是否有伪装、所在位置的地形、天气、白天或黑夜等有着密切的关系。装备在某一区域的危险系数越低,在此区域装备的生存能力越强;危险系数越高,在此区域装备的生存能力越弱。由于装备的危险系数是以装备被敌方发现的概率为基础,所以,危险系数的取值范围为 $0 \sim 1$。当危险系数为 0 时装备绝对安全,当危险系数为 1 时,装备随时都有可能被摧毁。下面将着重讲述危险系数的评价指标及评价方法。

### 5.2.3 危险系数的评价指标及确定方法

1. 危险系数的评价指标

随着对手侦察技术的不断改进和提高,以及对常规武器装备攻击手段的多样化,我方导弹武器系统的生存能力面临着严峻考验。要提高生存能力有多种途径,其中,最基本的有加强伪装和提高快速反应能力。此外,对手的打击能力和侦察发现能力越强,我方武器装备面临的危险也就越大。因此,对于危险系数 $s_w$ 的评价,采用如图 5.2 所示的三个评价指标。

(1) 伪装效果 $P_w$。伪装的目的是为了避免被敌人发现。它是多种伪装技术和伪装策略的综合,可以分为隐真和示假两方面。对于危险系数来讲,伪装效果属于成本型指标。

隐真和示假就是采取多种技术措施,尽量减小或消除导弹武器系统(包括阵地)的声、光、电磁辐射和红外辐射等信号特征,以避免被敌发现和判明。伪装效果的评估模型可表示为

$$P_w = (1-a) \cdot P_s \cdot P_g \cdot P_l \cdot P_h \tag{5.2}$$

式中:$P_w$ 为采取隐真和示假措施的不被发现的概率,即伪装效果;$P_s$ 指通过采用消声、隔音措施,使导弹武器系统不被敌方声音传感器探测发现的概率;$P_g$ 指在可

见光谱范围里,通过消除或减弱目标与背景之间的对比,使之不被敌方光学照相侦察所发现的概率;$P_l$指通过采用吸波涂料、透波材料、无线电静默等手法降低导弹武器系统的电磁辐射,使之不被敌方雷达探测装置发现的概率;$P_h$指通过对阵地各类热源采取隔热、绝热措施,使之不被敌方红外探测装置发现的概率;$a$ 是判读因子,表示敌方对所获情报正确判读的能力,取值在 0~1 之间。

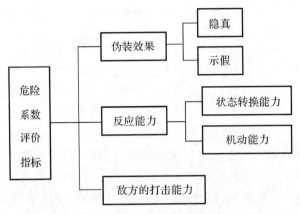

图 5.2 危险系数的评价指标

(2) 反应能力 $P_f$。现代战争的突然性、无时空性都要求军事人员和武器装备具备足够的快速反应能力。导弹武器系统既是战争中对敌方进行打击的重要力量,同时也是被敌方重点攻击的对象,因此必须具有相应的快速反应能力,才能确保生存,并对敌方实施有效打击。反应能力包括状态转换能力和机动能力两方面,对于危险系数来讲,属于成本型指标。

状态转换能力可以用一个关于时间的模糊隶属度函数给出,机动能力与装备本身的机动性能有关,也与机动方案的合理性有关。具体的反应能力确定后,其取值在 0~1 之间。

(3) 敌方的打击能力 $P_{ed}$。由于常规导弹力量不具备预警能力,所以,敌方打击能力可用敌方对我方武器的摧毁概率近似地表示。敌方的打击能力属于效益性指标,取值在 0~1 之间。

2. 危险系数的两种确定方法

装备的危险系数 $s_w$ 的确定方法很多,以下给出两种不同方法。

(1) 基于信息熵的危险系数的确定方法。熵的概念最初产生于热力学,它被用来描述运动过程中的一种不可逆现象,后来在信息论中用来表示事物出现的不确定性。危险系数 $s_w$ 的评价指标与信息的识别、接收等有着千丝万缕的联系,也存在很大的不确定性,因此,用基于信息熵的不确定多数性决策方法对危险系数进行评价,具体步骤如下[3]:

第一步:对于某一多属性决策问题,构造决策矩阵 $\boldsymbol{A}=(a_{ij})_{n\times m}$,并利用适当的方法把它规范化为 $\boldsymbol{R}=(r_{ij})_{n\times m}$。

第二步:计算矩阵 $\boldsymbol{R}=(r_{ij})_{n\times m}$,得到列归一化矩阵 $\dot{\boldsymbol{R}}=(\dot{r}_{ij})_{n\times m}$,其中

$$\dot{R}_{ij}=\frac{r_{ij}}{\sum_{i=1}^{n}r_{ij}}, \quad i\in N, \quad j\in M \tag{5.3}$$

第三步:计算属性 $u_j$ 输出的信息熵 $E_j$,则

$$E_j=-\frac{1}{\ln n}\sum_{i=1}^{n}\dot{r}_{ij}\ln\dot{r}_{ij}, \quad j\in M \tag{5.4}$$

当 $\dot{r}_{ij}=0$ 时,规定 $\dot{r}_{ij}\ln\dot{r}_{ij}=0$。

第四步:计算属性权重向量 $\boldsymbol{w}=(w_1,w_2,\cdots,w_m)$,其中

$$w_j=\frac{1-E_j}{\sum_{k=1}^{m}(1-E_k)} \tag{5.5}$$

第五步:计算方案 $x_i$ 的综合属性值 $z_i(\boldsymbol{w})(i\in N)$,即危险系数,计算公式为

$$z_i(\boldsymbol{w})=\sum_{j=1}^{m}r_{ij}w_j \tag{5.6}$$

这种方法考虑的因素相对比较全面,而且装备的危险系数计算比较简单,但是这种方法取得的装备在某一战场环境下的危险系数受主观因素的影响比较大,而且不够灵活。

(2) 以被发现概率近似确定危险系数的方法。这种方法是利用敌方对某一区域内某些装备的发现概率近似表示该装备在此区域的危险系数。这种方法不易受人的主观因素的影响,而且精确度比较高。但是,计算不同装备和不同状态被发现概率是一个比较复杂的问题,以伪装的机动目标为例,涉及机动目标的伪装策略、伪装措施、伪装规模,敌方侦察手段、侦察设备的性能和侦察策略,以及自然环境因素等。如对于无任何伪装措施的机动目标,在敌方同步卫星的侦察方式下,其被发现的概率[4]

$$P_{f1}=P_g\alpha\lambda e^{-(\mu p_t/L)^2} \tag{5.7}$$

其中

$$\lambda=\begin{cases}1, & r>0.4 \\ \left(\dfrac{r-0.2}{0.2}\right)^{1/2}, & 0.2\leqslant r\leqslant 0.4 \\ 0, & r<0.2\end{cases}$$

式中,$r$ 为目标与背景光度;$\alpha$ 为气象因子系数;$\mu$ 为目标形状修正因子;$p_t$ 为卫星的分辨率;$L$ 为目标的几何尺寸;$P_g$ 为同步卫星与机动目标相遇的概率,与目标机动时间和被同步卫星侦察的时间有关。

在巡查卫星的侦察方式下,被发现的概率[5]

$$P_{f2} = P_w(1 - e^{-\lambda \cdot s_{zg}/s}) = p_w(1 - e^{-\lambda \cdot t_{zg}/T}) \tag{5.8}$$

式中,$P_w$ 为武器被识别概率,与卫星的类型有关;$t_{zg}$ 为被巡查卫星侦察的时间;$T$ 为总机动时间;$s_{zg}$ 为被巡查卫星侦察的区域面积;$s$ 为机动区域面积;$\lambda$ 为机动规模因子($0 \sim 1$ 的一个数)。则机动目标被发现的概率为

$$P_f = kP_{f1} + (1-k)P_{f2} \tag{5.9}$$

式中,$k$ 为比例系数。

在前面的公式中,许多参数不易确定,而且有些参数的取值也存在着一些人为因素。另外,随着侦察技术的不断提高和侦察手段的多样化,计算装备被发现的概率也比较困难。

3. 危险系数的确定示例

假设有 4 种导弹武器装备,决策者利用伪装效果 $P_w$、反应能力 $P_f$、敌方的打击能力 $P_{ed}$ 评价装备的危险系数。由于伪装效果、反应能力对我方装备来讲属于效益性指标。为了与敌方的打击能力这一指标保持一致性,在列举决策矩阵时,指标值取 $1 - P_w$ 和 $1 - P_f$。各种装备的各项指标的属性值见表 5.1。

表 5.1 危险系数的决策矩阵 $A$

|       | $1 - P_w$ | $1 - P_f$ | $P_{ed}$ |
|-------|-----------|-----------|----------|
| $x_1$ | 0.6       | 0.6       | 0.8      |
| $x_2$ | 0.7       | 0.5       | 0.8      |
| $x_3$ | 0.7       | 0.7       | 0.5      |
| $x_4$ | 0.4       | 0.8       | 0.6      |

由表 5.1,得到决策矩阵

$$A = \begin{bmatrix} 0.6 & 0.6 & 0.8 \\ 0.7 & 0.5 & 0.8 \\ 0.7 & 0.7 & 0.5 \\ 0.4 & 0.8 & 0.6 \end{bmatrix}$$

利用基于信息熵的不确定决策方法对各项指标的综合属性值,即危险系数,进行评价。具体步骤如下:

第一步:利用公式 $r_{ij} = \dfrac{u_{ij}}{\max(u_{ij})}$ 将 $A$ 规范化,其中 $u_{ij}$ 表示矩阵中的指标属性值。得到矩阵 $R$(见表 5.2)。

表 5.2　危险系数的规范化决策矩阵 $R$

|       | $1-P_w$ | $1-P_f$ | $P_{ed}$ |
|-------|---------|---------|----------|
| $x_1$ | 0.750   | 0.750   | 1.000    |
| $x_2$ | 0.875   | 0.625   | 1.000    |
| $x_3$ | 1.000   | 1.000   | 0.714    |
| $x_4$ | 0.500   | 1.000   | 0.750    |

第二步：由式(5.3)求得归一化矩阵，即

$$\dot{R} = \begin{bmatrix} 0.240 & 0.222 & 0.289 \\ 0.280 & 0.185 & 0.289 \\ 0.320 & 0.296 & 0.206 \\ 0.160 & 0.296 & 0.217 \end{bmatrix}$$

第三步：由式(5.4)计算属性 $u_j$ 输出的信息熵，即
$$E_1 = 0.9787, \quad E_2 = 0.9861, \quad E_3 = 0.9915$$

第四步：由式(5.5)计算属性权重向量，即
$$w = (0.4874, \ 0.3181, \ 0.1945)$$

第五步：利用式(5.6)计算方案 $x_i$ 的综合属性值 $z_i(w)(i \in N)$，即
$$z_1(w) = 0.2438, \quad z_2(w) = 0.2515, \quad z_3(w) = 0.2902, \quad z_4(w) = 0.2143$$

由于危险系数的评价指标都已化为成本型指标，其综合属性值越小，危险系数越大，所以装备 $x_4$ 的危险系数最大，并可以以此综合值作为其危险系数。

由于装备在某一区域的危险系数只是一个比较值，对精确度的要求并不高，所以，倾向于使用第一种方法。由于篇幅的原因，以被发现概率近似表示危险系数的示例不再赘述。

### 5.2.4　装备的性能和状态的等级划分

在常规导弹力量的装备保障指挥决策中，装备的性能和状态决定着装备执行任务的能力。因此，在装备保障指挥决策中除装备的危险度是一个重要的决策依据外，装备的性能和状态也是装备保障指挥决策的一个重要依据，特别是主战装备的性能和状态，对作战任务的执行和打击效果有着直接的影响。在装备的指挥决策中，那些性能优良、处在战备状态下的装备在战争状态下会首先被决策者考虑补给和调动。因此，在常规导弹力量装备保障指挥决策的建模过程中装备的性能和状态是必须要考虑的因素。

装备的性能主要是通过装备的各种性能指标来确定的，不同的装备指标也不一样。目前，对于常规导弹力量来说，大部分装备都有性能测试设备和软件，通过

这些设备不但可以确定装备的性能还能够对装备的故障进行测试,这些测试结果可以为装备的维修提供依据。一般情况下,根据装备的测试结果可将装备的性能划分为四个等级:良好($S_1$)、正常($S_2$)、轻微故障($S_3$)和严重故障($S_4$)。良好状态的装备各种测试参数都处于良好状态,随时都可以进行工作,这种性能的装备故障率较低。处于正常状态的装备各种测试结果都正常,这种性能的装备故障率要高于性能良好的装备,但是,这两种性能的装备不需要维修,随时都可以执行任务。处于轻微故障的装备虽然不能参与正常工作,但是通过战场抢修装备的维修,性能可以恢复到正常或良好。处于严重故障的装备,是需要经过大修才可以恢复正常,或者是已经处在报废的边缘的装备,因此,在战场上处于严重故障下的装备是不可修复的。在战争中这几种状态是可以相互转化的,转化关系如图5.3所示。

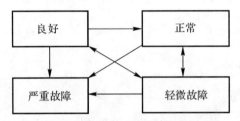

图 5.3　装备性能之间的转化关系

装备的状态对于常规导弹力量来说主要是指装备在某一时刻所处的状态,对于普通装备可以分为工作状态和待机状态。对于特种装备,如发射车、转运车等,可分为配弹状态和无弹状态。显然,各种性能的装备都可以处在它们可能的状态上。因此,装备的性能和状态是密不可分的。为了能够利用计算机来处理装备保障指挥决策数学模型,将装备的性能按照良好、正常、轻微故障、严重故障的顺序分别用 1,2,3,4 表示。对于装备的状态,用 1 表示普通装备处在工作状态,特种装备处在配弹状态;用 0 表示普通装备处在待机状态,特种装备处在无弹状态。将所有装备的性能和状态用矩阵 $S$ 表示。

$$S = \begin{bmatrix} m_1 & c_1 & s_1 \\ m_2 & c_2 & s_2 \\ \vdots & \vdots & \vdots \\ m_n & c_n & s_n \end{bmatrix}$$

式中,$c_i$ 为编号是 $m_i$ 的装备的性能,取值为 1,2,3,4;$s_i$ 为编号是 $m_i$ 的装备所处的状态,取值为 0 和 1。

另外,对于常规导弹力量的装备,当装备性能处在故障时,装备状态只能是 0 状态。此时,将装备的性能和状态矩阵与装备的类型位置状态矩阵组合在一起,构成装备的信息矩阵:

$$E_1 = \begin{bmatrix} m_1 & t_1 & st_1 & c_1 & s_1 & p_{11} & p_{12} & d_1 \\ m_2 & t_2 & st_2 & c_2 & s_2 & p_{21} & p_{22} & d_2 \\ \vdots & \vdots & \vdots & \vdots & \vdots & \vdots & \vdots & \vdots \\ m_i & t_i & st_i & c_i & s_i & p_i & 0 & 0 \\ \vdots & \vdots & \vdots & \vdots & \vdots & \vdots & \vdots & \vdots \\ m_n & t_n & st_n & c_n & s_n & p_{n1} & p_{n2} & d_n \end{bmatrix}$$

## 5.3 常规导弹力量装备保障指挥辅助决策建模方法

### 5.3.1 常规导弹力量装备保障指挥决策方案优选指标

根据常规导弹力量装备保障指挥决策的分析，不论是装备维修保障指挥辅助决策还是装备作战保障辅助决策，评价装备保障指挥辅助决策方案优劣的重要指标均是参战装备的危险度。对于常规导弹力量来说，装备的类型比较多，可分为主战装备、非主战特种装备、普通装备和其他装备等。设主战装备的危险度为 $S_z$，非主战特种装备的危险度为 $S_t$，普通装备的危险度为 $S_y$，其他装备的危险度为 $S_q$，因此，影响辅助决策方案的指标共有 4 个，如图 5.4 所示。根据危险度的定义，辅助决策方案使这 4 个参数应该尽可能小，因此，此问题是一个多目标决策问题。下面采用将多目标问题转化为单目标问题的方法建立数学模型。

### 5.3.2 常规导弹力量装备保障指挥辅助决策模型

假设战场环境可以分为 $m$ 个区域，在每一区域内任一点处，在环境（天气、日照强度等）相同的情况下危险系数相同。设常规导弹力量的主战装备有 $n_1$ 台，非主战特种装备有 $n_2$ 台，普通装备有 $n_3$ 台，其他装备有 $n_4$ 台，则各种装备的危险度分别为

$$S_z = \sum_{i=1}^{n_1} \sum_{j=1}^{m} s_{zij} t_{zij} \tag{5.10}$$

$$S_t = \sum_{i=1}^{n_2} \sum_{j=1}^{m} s_{tij} t_{tij} \tag{5.11}$$

$$S_y = \sum_{i=1}^{n_3} \sum_{j=1}^{m} s_{yij} t_{yij} \tag{5.12}$$

$$S_q = \sum_{i=1}^{n_4} \sum_{j=1}^{m} s_{qij} t_{qij} \qquad (5.13)$$

式中，$s_{zij}$ 为第 $i$ 台主战装备在区域 $j$ 的危险系数；$t_{zij}$ 为第 $i$ 台主战装备在区域 $j$ 的时间；$s_{tij}$ 为第 $i$ 台非主战特种装备在区域 $j$ 的危险系数；$t_{tij}$ 为第 $i$ 台非主战特种装备在区域 $j$ 的时间；$s_{yij}$ 为第 $i$ 台普通装备在区域 $j$ 的危险系数；$t_{yij}$ 为第 $i$ 台普通装备在区域 $j$ 的时间；$s_{qij}$ 为第 $i$ 台其他装备在区域 $j$ 的危险系数；$t_{qij}$ 为第 $i$ 台其他装备在区域 $j$ 的时间。

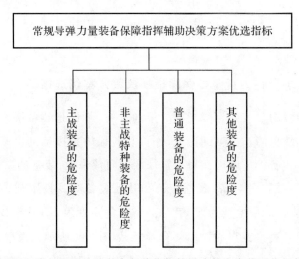

图 5.4　常规导弹力量装备保障指挥辅助决策方案优选指标体系

采用加权平均法将多目标决策问题转化为单目标决策问题，确定装备保障指挥辅助决策方案的决策模型

$$\theta = \min S \qquad (5.14)$$

式中，$S = \lambda_1 S_z + \lambda_2 S_t + \lambda_3 S_y + \lambda_4 S_q$。

由于 4 个评估指标对于装备保障指挥决策方案来说属于成本型指标，故 $S$ 值越小越好。

### 5.3.3　模型权重系数的确定

层次分析法是一种定性与定量相结合的、系统化的、层次化的分析方法[6-7]。利用层次分析法的目标是在目标层（$O$）下，按重要性分别给指标层 $C$ 各指标赋予相应的权重。即要回答：两个元素 $C_i$ 与 $C_j$ 哪个更重要？重要程度？并对于这"重要程度"赋予一定的数值。Saty 等人提出 1～9 尺度，即 $a_{ij}$ 取值 1,2,…,9 及其倒数 1,1/2,…,1/9 以便于定性到定量的转化。因此,这里采用表 5.3 的 1~9 比例标度。

表 5.3 比例尺度

| 标 度 | 含 义 |
|---|---|
| 1 | 两个元素相比,具有同等重要性 |
| 3 | 两个元素相比,一个比另一个稍微重要 |
| 5 | 两个元素相比,一个比另一个明显重要 |
| 7 | 两个元素相比,一个比另一个强烈重要 |
| 9 | 两个元素相比,一个比另一个极端重要 |
| 2,4,6,8 | 上述两个相邻判断的中值 |
| 倒数 | 因素 $i$ 与 $j$ 相比较和 $a_{ij}$,则 $j$ 与 $i$ 比较得 $a_{ij}=\dfrac{1}{a_{ji}}$ |

设有 $n$ 个元素,得两两比较判断矩阵 $\boldsymbol{A}=(a_{ij})_{n\times n}$。矩阵 $\boldsymbol{A}$ 有 3 个性质:①$a_{ij}>0$;②$a_{ij}=\dfrac{1}{a_{ji}}(i\neq j)$;③$a_{ij}=1(i=j=1,2,\cdots)$,称这类矩阵 $\boldsymbol{A}$ 为正互反矩阵。矩阵 $\boldsymbol{A}$ 的元素不一定具有传递性,即未必有等式 $a_{ij}a_{jk}=a_{ik}$ 成立。若等式成立时,称 $\boldsymbol{A}$ 为一致性矩阵。

根据判断矩阵 $\boldsymbol{A}$,求其最大特征根 $\lambda_{\max}$ 及其对应的特征向量 $\boldsymbol{w}$,将向量 $\boldsymbol{w}$ 归一化处理后的值作为元素指标层 $C$ 各元素的排序权重。

求得 $\lambda_{\max}$ 后,应根据随机一致性指标 $\mathrm{CR}=\dfrac{\mathrm{CI}}{\mathrm{RI}}$,进行一致性检验,其中 $\mathrm{CI}=\dfrac{\lambda_{\max}-n}{n-1}$,RI 取值见表 5.4。当 CR<0.1 时,认为判断矩阵的一致性可以接受,否则,需要调整判断矩阵,使之具有满意的一致性。

表 5.4 随机一致性指标

| 阶 数 | 1 | 2 | 3 | 4 | 5 | 6 | 7 | 8 | 9 | 10 |
|---|---|---|---|---|---|---|---|---|---|---|
| RI | 0.00 | 0.00 | 0.58 | 0.90 | 1.12 | 1.24 | 1.32 | 1.41 | 1.45 | 1.49 |

将多目标决策问题转化为单目标决策问题的关键在于各类装备危险度权值的

确定,下面采用层次分析法确定各类危险度的权值。首先根据各类装备在战场中的重要性确定各类装备的两两比较矩阵 $A$ 为

$$A = \begin{bmatrix} 1 & a_{12} & a_{13} & a_{14} \\ a_{21} & 1 & a_{23} & a_{33} \\ a_{31} & a_{32} & 1 & a_{34} \\ a_{41} & a_{42} & a_{43} & 1 \end{bmatrix}$$

按照常规导弹力量装备保障指挥决策分析,主战装备的重要性要高于非主战特种装备,非主战特种装备的重要性高于普通装备,普通装备的重要性高于其他装备,由此可设

$$A = \begin{bmatrix} 1 & 3 & 5 & 9 \\ \dfrac{1}{3} & 1 & 4 & 7 \\ \dfrac{1}{5} & \dfrac{1}{4} & 1 & 3 \\ \dfrac{1}{9} & \dfrac{1}{7} & \dfrac{1}{3} & 1 \end{bmatrix}$$

求得矩阵 $A$ 的最大特征值为 $\lambda = 4.128\ 9$,对应的特征向量为 $(0.877\ 5, 0.447\ 7,$ $0.157\ 4, 0.068\ 4)$,一致性指标 $\mathrm{CI} = \dfrac{\lambda - n}{n - 1} = 0.043$,CI 越大,不一致性越严重。

$\mathrm{CR} = \dfrac{\mathrm{CI}}{\mathrm{RI}} = \dfrac{0.043}{0.90} = 0.047\ 8 < 0.1$,因此,通过一致性检验。将最大特征值对应的特征向量归一化便得到 4 类危险度的权重分别为

$$0.565\ 8 \quad 0.288\ 7 \quad 0.101\ 5 \quad 0.044\ 1$$

装备保障指挥决策方案的优劣评估模型可转化为

$$S = 0.565\ 8S_z + 0.288\ 7S_t + 0.101\ 5S_y + 0.044\ 1S_q \tag{5.15}$$

对于制定的常规导弹力量装备保障指挥决策方案来说,$S$ 越大,方案越差,$S$ 越小,方案越好。

设装备所在区域的抽象图共有 $n$ 个节点,构成的抽象图矩阵

$$D = \begin{bmatrix} d_{1,1} & d_{1,2} & \cdots & d_{1,n} \\ d_{2,1} & d_{2,2} & \cdots & d_{2,n} \\ \vdots & \vdots & & \vdots \\ d_{n,1} & d_{n,2} & \cdots & d_{n,n} \end{bmatrix}$$

设需要保障的装备编号为 $1, 2, \cdots, m$,各装备的信息矩阵

$$E_1 = \begin{bmatrix} 1 & t_1 & st_1 & c_1 & s_1 & p_{11} & p_{12} & d_1 \\ 2 & t_2 & st_2 & c_2 & s_2 & p_{21} & p_{22} & d_2 \\ \vdots & \vdots & \vdots & \vdots & \vdots & \vdots & \vdots & \vdots \\ 3 & t_i & st_i & c_i & s_i & p_i & 0 & 0 \\ \vdots & \vdots & \vdots & \vdots & \vdots & \vdots & \vdots & \vdots \\ m & t_n & st_n & c_n & s_n & p_{n1} & p_{n2} & d_n \end{bmatrix}$$

式中,$p_{ij}$ 为 $1 \sim n$ 的数。

设编号为 $i$ 的装备在不同区域的危险系数

$$C_i = \begin{bmatrix} p_1 & 0 & w_1 & s_1 \\ p_1 & 0 & w_2 & s_2 \\ \vdots & \vdots & \vdots & \vdots \\ p_n & 0 & w_3 & s_{3n} \\ \vdots & \vdots & \vdots & \vdots \\ p_i & p_j & w_k & s_{n'} \\ \vdots & \vdots & \vdots & \vdots \end{bmatrix}$$

根据以上建立的模型以及对常规导弹力量装备保障指挥辅助决策的分析,以下提出常规导弹力量装备保障指挥辅助决策和装备作战指挥辅助决策方法。

### 5.3.4 求解常规导弹力量装备保障指挥辅助决策模型的改进匈牙利算法

目前,求解此类问题的算法较多,有经典算法,如动态规划、多目标规划等方法[8];有新型优化算法,如遗传算法、神经网络和模拟退火等[9]。对于经典算法来说,主要优点是操作简单,求解的结果较好,一般能到达到最优点,但是缺点也很明显,主要是计算量大,即计算耗时较长。对于新型优化算法来说,优点主要是计算速度快,是利用计算机编程处理方便,缺点主要是新型优化算法中伴随着一些随机因素,很难判断得到的解是极优值还是最优值。

对常规导弹力量来说,虽然装备比较多,但是随着计算机性能的提高、计算速度的不断增加,计算机处理问题的能力也在不断增加。在战争中,常规导弹力量装备保障指挥决策的优劣对战争有着重要的影响,因此,考虑利用经典的算法进行求解。本书提出的装备保障指挥辅助决策问题,其实是一个指派问题,匈牙利算法是一种用来处理指派问题的经典算法,但是对于不对称指派问题存在着一定的缺陷,并且对于处理后的系数矩阵存在多行和多列包含多个零元素的问题没有很好地解决,又主要针对匈牙利算法的这些缺陷提出改进匈牙利算法。改进匈牙利算法不再拘泥于某一行或则某一列,而是从全局考虑,进而得到最佳的指派方案。改进匈牙利算法的步骤如下：

第一步：计算所有单个可行决策的指标函数值，并建立指标函数矩阵，矩阵的每一行表示涉及某一装备的决策的指标函数值。

第二步：在所有的指标函数值中寻找最小值，如果最小值唯一，则选中此最小值对应的决策；如果最小值不唯一，比较所有最小值对应的决策中涉及装备的次最小值，选择最大次最小值对应的决策。

第三步：调整决策矩阵，将已经制定了决策的装备对应的行和对应的列去掉。

第四步：重复步骤2,3，直到对所有装备都制定了指挥决策方案。

## 5.4 仿真实验

设某一常规导弹力量所在区域的抽象图如图5.5所示。其中，节点1,4,6,9,10,13,14,16,17,19,21,23,26,27为发射阵地，节点2,3,7,8,12,15,18,22,25为交叉路口节点，5,11,20,24为待机阵地。抽象图对应的矩阵为

假设有15台装备，其中1,2,3,4,5,6为主战装备。装备的信息矩阵为

$$E_{\mathrm{I}}=\begin{bmatrix} 1 & 1 & 1 & 1 & 1 & 5 & 0 & 0 \\ 2 & 1 & 1 & 2 & 1 & 5 & 0 & 0 \\ 3 & 1 & 1 & 1 & 0 & 20 & 0 & 0 \\ 4 & 1 & 1 & 1 & 1 & 20 & 0 & 0 \\ 5 & 1 & 1 & 2 & 1 & 24 & 0 & 0 \\ 6 & 1 & 1 & 1 & 0 & 24 & 0 & 0 \\ 7 & 1 & 0 & 2 & 1 & 3 & 5 & 21 \\ 8 & 1 & 0 & 1 & 0 & 6 & 7 & 11 \\ 9 & 1 & 1 & 1 & 1 & 5 & 15 & 14 \\ 10 & 0 & 1 & 2 & 1 & 15 & 0 & 0 \\ 11 & 0 & 1 & 1 & 0 & 20 & 22 & 18 \\ 12 & 0 & 0 & 1 & 1 & 5 & 0 & 0 \\ 13 & 0 & 1 & 2 & 1 & 24 & 25 & 12 \\ 14 & 0 & 1 & 1 & 0 & 11 & 12 & 21 \\ 15 & 0 & 1 & 1 & 1 & 11 & 0 & 0 \end{bmatrix}$$

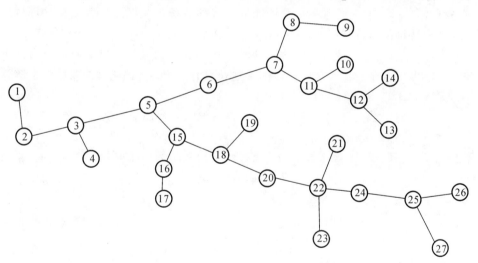

图 5.5 某常规导弹力量所在区域抽象图

为了简单起见,设装备处于待机阵地的危险系数为 0,处于发射阵地的危险系数为 1,在其他位置的危险系数为 0.6,普通装备在非待机阵地的危险系数为 0.4,保障装备在非待机阵地的危险系数为 0.45。设可机动普通装备的平均速度为 70 km/h,可机动特装装备的平均速度为 50 km/h,保障分队的平均速度为 60 km/h。

设有保障分队 10 支,编号分别为 1,2,3,4,5,6,7,8,9,10,其中,1,2,3,4,5,6,

8能够保障特种装备,1,3,5,7,8,9,10能够保障普通装备,它们的状态信息矩阵

$$G = \begin{bmatrix} 1 & 2 & 1 & 5 & 0 & 0 \\ 2 & 1 & 1 & 2 & 3 & 11 \\ 3 & 2 & 0 & 11 & 0 & 0 \\ 4 & 1 & 1 & 6 & 7 & 8 \\ 5 & 2 & 1 & 20 & 0 & 0 \\ 6 & 1 & 0 & 18 & 0 & 0 \\ 7 & 0 & 1 & 5 & 6 & 23 \\ 8 & 2 & 1 & 24 & 0 & 0 \\ 9 & 0 & 0 & 5 & 0 & 0 \\ 10 & 0 & 1 & 15 & 16 & 14 \end{bmatrix}$$

### 5.4.1 利用改进匈牙利算法求解常规导弹力量装备保障指挥辅助决策模型

1. 常规导弹力量装备维修保障指挥辅助决策仿真实验

假设目前要对常规导弹力量的 15 台装备进行维修保障。在需要保障的装备中特种装备 9 台,在装备保障力量中能够对特种装备进行保障的有 7 支,因此,只能对 7 台特种装备进行保障,由 $E_1$ 的状态栏(第 5 列)可知,首先应该保障 1,2,4,5,7,9 这 6 台装备。首先利用全局指搜索算法对这 6 台装备制定装备保障指挥决策方案。按照基于改进匈牙利算法的常规导弹力量装备保障指挥决策模型求解算法进行仿真实验,具体步骤如下:

第一步:计算各保障分队对不同装备进行保障时对应的指标函数值。

第二步:选择其中最小值对应的方案,作为最终装备保障指挥决策中对应装备的保障分队,并将与此装备有关的信息删除。当有两个相同的最小值时,如果是两台不同的装备对应的指标值,比较这两种装备的次最小值的大小,选择次最小值大的对应的方案作为备选保障方案;如果这两个指标值对应的是同一个保障分队,比较这两种装备对应的最小值,选择最大最小值(鞍点解)对应的分配方案作为备选保障方案。通过这种方式保证了指标函数值全局最小。

第三步:重复步骤 2,直到所有装备分配到保障分队。

说明:如果按照上面的方法对装备 1,2,4,5,7,9 分配了保障分队之后,仍有保障分队没有分配任务,由保障分队的分配顺序可得,特种装备 3,6,8 保障级别相同,且为接着需要保障的装备,此时仍利用改进匈牙利算法确定受保障的装备。同样可以利用上面的方法分配普通装备的保障力量。

以下是根据上面定的方法步骤来具体实现装备的保障指挥决策:

第一步:按照上面的方法计算 7 支保障分队对前 6 台特种装备进行保障时的指标函数矩阵

$$\begin{bmatrix} 0 & 0.457\,5 & 1.308\,0 & 0.412\,5 & 1.057\,5 & 1.284\,0 & 1.792\,5 \\ 0 & 0.457\,5 & 1.308\,0 & 0.412\,5 & 1.057\,5 & 1.284\,0 & 1.792\,5 \\ 1.058\,0 & 1.515\,0 & 3.000\,0 & 1.470\,0 & 0 & 0.408\,0 & 0.735\,0 \\ 1.792\,5 & 1.830\,0 & 4.176\,0 & 2.205\,0 & 0.735\,0 & 1.584\,0 & 0 \\ 0.384\,0 & 0.507\,0 & \infty & 1.450\,0 & 3.027\,5 & \infty & 4.742\,5 \\ 0.168\,0 & 0.439\,1 & 1.476\,0 & 0.517\,5 & 0.952\,5 & 0.697\,5 & 1.687\,5 \end{bmatrix}$$

其中∞表示所在列对应的保障分队不能够保障所在行对应的装备。

第二步：按照上面的方法，选最小值，最小值为0，对应着1-1,2-1,4-5,5-8，这4台装备所在行的次小值分别为0.412 5,0.412 5,0.408,0.735 0，按照上面的法则，首先确定的保障指挥方案为5-8，即保障分队8对装备5进行保障，对应矩阵的第4行和第7列，去掉所第4行和第7列，得到新矩阵

$$\begin{bmatrix} 0 & 0.457\,5 & 1.308\,0 & 0.412\,5 & 1.057\,5 & 1.284\,0 \\ 0 & 0.457\,5 & 1.308\,0 & 0.412\,5 & 1.057\,5 & 1.284\,0 \\ 1.058\,0 & 1.515\,0 & 3.000\,0 & 1.470\,0 & 0 & 0.408\,0 \\ 0.384\,0 & 0.507\,0 & \infty & 1.450\,0 & 3.027\,5 & \\ 0.168\,0 & 0.439\,1 & 1.476\,0 & 0.517\,5 & 0.952\,5 & 0.697\,5 \end{bmatrix}$$

第三步：此矩阵的最小值仍为0，每行的次最小值为0.412 5,0.412 5,0.408。由于第1行和第2行相同，按照数字顺序选取装备保障方案1-1。继续按照上面的步骤处理得到矩阵

$$\begin{bmatrix} 0.457\,5 & 1.308\,0 & 0.412\,5 & 1.057\,5 & 1.284\,0 \\ 1.515\,0 & 3.000\,0 & 1.470\,0 & 0.000\,0 & 0.408\,0 \\ 0.507\,0 & \infty & 1.450\,0 & 3.027\,5 & \infty \\ 0.439\,1 & 1.476\,0 & 0.517\,5 & 0.952\,5 & 0.697\,5 \end{bmatrix}$$

矩阵元素最小值为0，确定保障指挥决策为-5，得到矩阵

$$\begin{bmatrix} 0.457\,5 & 1.308\,0 & 0.412\,5 & 1.284\,0 \\ 0.507\,0 & \infty & 1.450\,0 & \infty \\ 0.439\,1 & 1.476\,0 & 0.517\,5 & 0.697\,5 \end{bmatrix}$$

矩阵元素的最小值为0.412 5，对应的决策为2-4，得到矩阵

$$\begin{bmatrix} 0.507\,0 & \infty & \infty \\ 0.439\,1 & 1.476\,0 & 0.697\,5 \end{bmatrix}$$

由于装备7只有一种方案，所以指挥决策为7-2，得到矩阵

$$\begin{bmatrix} 1.476\,0 & 0.697\,5 \end{bmatrix}$$

矩阵元素的最小值为0.697 5，对应的决策为9-6。

综上所述，对6台特种装备的保障指挥决策为1-1,2-4,4-5,5-8,7-2,9-6。方案的指标函数值为1.617 0。没有用到的保障分队为3。此时，按照上面

的分析处于同级别需要保障的装备为3,6,8。利用保障分队3对这3台特种装备进行保障的指标函数值分别为3,4.176,∞,此时装备的保障指挥决策为3-3。

利用同样的方法制定对普通装备保障指挥决策。由于对普通装备进行保障的保障分队只有3支,而普通装备有6台。根据普通装备所处的状态,首先应该对10,12,13,15进行保障,按照上面的方法可得普通装备的保障指挥决策为12-9,10-10,15-7,对应的指标函数值分别为0,0.105,0.491 4。

装备维修保障指挥决策方案中每个子方案对应的指标函数值见表5.5。

**表5.5　常规导弹装备维修保障指挥辅助决策方案指标函数值**

| 保障分队编号 | 装备编号 | 指标函数值 |
| --- | --- | --- |
| 1 | 1 | 0 |
| 2 | 7 | 0.507 0 |
| 3 | 3 | 3.000 0 |
| 4 | 2 | 0.412 5 |
| 5 | 4 | 0 |
| 6 | 9 | 0.697 5 |
| 7 | 15 | 0.491 4 |
| 8 | 5 | 0 |
| 9 | 12 | 0 |
| 10 | 10 | 0.105 0 |

此装备维修保障指挥决策的总的指标函数值为5.213 4。

2.常规导弹力量装备作战保障指挥辅助决策仿真实验

假设需要在某一时刻同时发射3枚导弹,可用的发射阵地有1,4,6,9,10,13,14,16,17,19,21,23,26,27。首先选择参与任务的主战装备,根据主战装备的状态,6台主战装备中1,2,4,5可以随时执行发射任务,根据装备的性能主战装备1,4首先入选,2,5的性能相同,按照数字顺序选择主战装备2,因此,执行发射任务的主战装备为1,2,4。下面是按照改进匈牙利算法进行求解的具体步骤:

第一步:计算参与发射任务的各主战装备到达个发射阵地的危险度。

第二步:选择危险度最小的一个作为备选方案,如果有两个相同的最小值,比较它们对应的次最小值,选择次最小值大的方案作为备选方案。

第三步:重复第二步,直到将参与发射任务的所有主战装备分配阵地。

第四步:根据发射任务执行时间和距发射离阵地最远的发射车的出发时间计算各参与发射任务的主战装备的出发时间。

下面是具体的实施方案及计算结果：

首先计算这 3 个发射架到达各阵地时的危险度。按照装备编号、阵地编号的数字顺序建立危险度矩阵

$$S=\begin{bmatrix} 0.9960 & 0.8280 & 0.5640 & 1.476 & 1.500 & 1.8720 & 1.8240 \\ 0.9960 & 0.8280 & 0.5640 & 1.476 & 1.500 & 1.8720 & 1.8240 \\ 2.460 0 & 2.5200 & 2.2560 & 3.168 & 3.1920 & 3.5640 & 3.5160 \\ 0.6120 & 0.7080 & 1.4160 & 2.2680 & 2.3040 & 3.5040 & 3.8520 \\ 0.6120 & 0.7080 & 1.4160 & 2.2680 & 2.3040 & 3.5040 & 3.8520 \\ 1.3680 & 1.4640 & 0.5400 & 0.5760 & 0.6120 & 1.8120 & 2.1600 \end{bmatrix}$$

在危险度矩阵 $S$ 中，最小值为 0.540 0，选取其对应的行所代表的主战装备的编号，列所代表的发射阵地的编号作为一个作战指挥决策，记为 4-9，表示主战装备 4 将在发射阵地 19 执行发射任务。去掉第 3 行第 10 列，生成新的矩阵 $S_1$，在 $S_1$ 中最小值为 0.564 0。由于 $S_1$ 中两行相同，所以，按照数字顺序选取，对应的指挥决策为 1-6，去掉第 1 行和第 3 列，得到 $S_2$，$S_2$ 中的最小值为 0.612 0，对应的指挥决策为 2-16。

综上所述，常规导弹的最佳装备作战指挥决策方案

```
15   6
25  15  16
4   20  18  19
```

装备作战保障指挥辅助决策方案的每个子方案对应的指标函数值见表 5.6。

表 5.6　装备作战保障指挥辅助决策方案指标函数值

| 主战装备编号 | 阵地编号 | 指标函数值 |
| --- | --- | --- |
| 1 | 6 | 0.564 0 |
| 2 | 16 | 0.612 0 |
| 4 | 19 | 0.564 0 |

此装备作战保障指挥决策的点的指标函数值为 1.74。

### 5.4.2　利用匈牙利算法求解常规导弹力量装备保障指挥辅助决策模型

1.常规导弹力量装备维修保障指挥仿真实验

首先计算 7 支保障分队对前 6 台特种装备进行保障时的指标函数矩阵，其中 ∞ 表示所在列对应的保障分队不能够保障所在行对应的装备。

$$\begin{bmatrix} 0 & 0.4575 & 1.3080 & 0.4125 & 1.0575 & 1.2840 & 1.7925 \\ 0 & 0.4575 & 1.3080 & 0.4125 & 1.0575 & 1.2840 & 1.7925 \\ 1.0580 & 1.5150 & 3.00\,00 & 1.4700 & 0 & 0.4080 & 0.7350 \\ 1.7925 & 1.8300 & 4.1760 & 2.2050 & 0.7350 & 1.5840 & 0 \\ 0.3840 & 0.5070 & \infty & 1.4500 & 3.0275 & \infty & 4.7425 \\ 0.1680 & 0.4391 & 1.4760 & 0.5175 & 0.9525 & 0.6975 & 1.6875 \end{bmatrix}$$

按照匈牙利算法对指标矩阵处理后得

$$\begin{bmatrix} 0 & 0.3345 & 0 & 0.0630 & 1.0575 & 0.8760 & 1.7925 \\ 0 & 0.3345 & 0 & 0.0630 & 1.0575 & 0.8760 & 1.7925 \\ 1.0580 & 1.3920 & 1.6920 & 1.1205 & 0 & 0 & 0.7350 \\ 1.7925 & 1.7070 & 2.8680 & 1.8555 & 0.7350 & 1.1760 & 0 \\ 0 & 0 & \infty & 0.7165 & 2.6435 & \infty & 4.3585 \\ 0 & 0.1481 & 0 & 0 & 0.7845 & 0.1215 & 1.5195 \end{bmatrix}$$

根据匈牙利算法,首先确定6-4,8-5,处理后得到的矩阵为

$$\begin{bmatrix} 0 & 0.3345 & 0 & 0.0630 & 1.0575 \\ 0 & 0.3345 & 0 & 0.0630 & 1.0575 \\ 0 & 0 & \infty & 0.7165 & 2.6435 \\ 0 & 0.1481 & 0 & 0 & 0.7845 \end{bmatrix}$$

重新按照此方法处理得2-7,4-9,处理后得到的矩阵为

$$\begin{bmatrix} 0 & 0 & 1.0575 \\ 0 & 0 & 1.0575 \end{bmatrix}$$

按照此矩阵得到的方案为1-1,3-2。

综上所述,对6台特种装备的保障指挥决策为1-1,2-7,3-2,4-9,6-4,8-5。剩余的保障分队为5,需要保障的特种装备为3,6,8,利用保障分队5对这3台特种装备进行保障的指标函数值分别为0,1.7925,1.0150,因此方案为5-3。

利用同样的方法确定普通装备的保障方案为7-10,8-13,9-12。

常规导弹力量装备指挥辅助决策方案中每个子方案对应的指标函数值见表5.7。

表5.7 常规导弹装备维修保障指挥辅助决策方案指标函数值

| 保障分队编号 | 装备编号 | 指标函数值 |
| --- | --- | --- |
| 1 | 1 | 0 |
| 2 | 7 | 0.507 |
| 3 | 2 | 1.3080 |

续表

| 保障分队编号 | 装备编号 | 指标函数值 |
| --- | --- | --- |
| 4 | 9 | 1.517 5 |
| 5 | 3 | 0 |
| 6 | 4 | 0.408 0 |
| 7 | 15 | 1.505 |
| 8 | 5 | 0 |
| 9 | 12 | 0 |
| 10 | 10 | 0.105 |

此装备维修保障指挥决策的总的指标函数值为 5.245 5。

2. 常规导弹力量装备作战保障指挥决策仿真实验

首先计算 3 个发射装备到达各阵地时的危险度。按照装备编号、阵地编号的数字顺序建立危险度矩阵

$$S = \begin{bmatrix} 0.996\ 0 & 0.828\ 0 & 0.564\ 0 & 1.476\ 0 & 1.500 & 1.872\ 0 & 1.824\ 0 \\ 0.996\ 0 & 0.828\ 0 & 0.564\ 0 & 1.476\ 0 & 1.500 & 1.872\ 0 & 1.824\ 0 \\ 2.460\ 0 & 2.520\ 0 & 2.256\ 0 & 3.168 & 3.192\ 0 & 3.564\ 0 & 3.516\ 0 \\ 0.612\ 0 & 0.708\ 0 & 1.416\ 0 & 2.268\ 0 & 2.304\ 0 & 3.504\ 0 & 3.852\ 0 \\ 0.612\ 0 & 0.708\ 0 & 1.416\ 0 & 2.268\ 0 & 2.304\ 0 & 3.504\ 0 & 3.852\ 0 \\ 1.368\ 0 & 1.464\ 0 & 0.540\ 0 & 0.576\ 0 & 0.612\ 0 & 1.812\ 0 & 2.160\ 0 \end{bmatrix}$$

按照匈牙利算法将矩阵转化为

$$\begin{bmatrix} 0 & 0 & 0 & 0 & 0 & 0 & 0 \\ 0 & 0 & 0 & 0 & 0 & 0 & 0 \\ 1.488\ 0 & 1.716\ 0 & 1.716\ 0 & 1.716\ 0 & 1.716\ 0 & 1.716\ 0 & 1.716\ 0 \\ 0 & 0 & 0.852\ 0 & 1.668\ 0 & 1.668\ 0 & 1.668\ 0 & 1.668\ 0 \\ 0 & 0 & 0.852\ 0 & 1.668\ 0 & 1.668\ 0 & 1.668\ 0 & 1.668\ 0 \\ 0.780\ 0 & 0.780\ 0 & 0 & 0 & 0 & 0 & 0 \end{bmatrix}$$

按照规则,可以选择 4-19,1-1,2-2。

装备作战保障指挥辅助决策方案的每个子方案对应的指标函数值见表 5.8。

表 5.8　装备作战保障指挥辅助决策方案指挥函数值

| 主战装备编号 | 阵地编号 | 指标函数值 |
| --- | --- | --- |
| 1 | 1 | 0.996 0 |
| 2 | 2 | 0.828 0 |
| 4 | 19 | 0.564 0 |

此装备作战保障指挥决策的指标函数值为 2.388 0。

### 5.4.3　利用遗传算法求解常规导弹力量装备保障指挥辅助决策模型

GA 是一种应用广泛的智能进化算法[10]。最先是由 John Holland 于 1975 年提出的,此后,它逐渐发展成为一种通过模拟自然进化过程解决最优化问题的计算模型。GA 算法解最优化问题的计算效率比较高、适用范围相当广。

利用 GA 算法解最优化问题,首先应对可行域中的点进行编码(一般采用二进制编码),然后在可行域中随机挑选一些编码组成作为进化起点的第一代编码组,并计算每个解的目标函数值,也就是编码的适应度。接着就像自然界中一样,利用选择机制从编码组中随机挑选编码作为繁殖过程前的编码样本。选择机制应保证适应度较高的解能够保留较多的样本;适应度较低的解则保留较少的样本,甚至被淘汰。在接下去的繁殖过程中,GA 算法提供了交叉和变异两种算子对挑选后的样本进行交换。交叉算子交换随机挑选的两个编码的某些位,变异算子则直接对一个编码中随机挑选的某一位进行反转。这样通过选择和繁殖就产生了下一代编码组。重复上述选择和繁殖过程,直到结束条件得到满足为止。进化过程最后一代中的最优解就是用遗传算法解最优化问题所得到的最终结果。

可以看出,GA 算法具有下述特点[11]:

(1)GA 是对问题参数的编码组进行操作,而不是直接对参数本身进行。

(2)GA 的搜索是从问题解的编码组开始,而不是从单个解开始。

(3)GA 使用目标函数值(适应度)这一信息进行搜索,而不需导数等其他信息。

(4)GA 算法使用的选择、交叉、变异这三个算子都是随机操作,而不是确定规则。

下面首先利用 GA 算法优化常规导弹力量装备维修保障决策。

在装备维修保障指挥决策模型中,共有 10 支保障分队,其中 7 支可保障特种装备,3 支可保障普通装备。需要保障的有 15 台装备,而利用这 10 支保障分队只能保障 10 台装备。按照保障原则,优先保障 7 台特种装备,而需要保障的特种装备共有 9 台,剩下的 3 支保障分队为剩余的 6 台普通装备保障。按照优先保障原则,首先应该保障 1,2,4,5,7,9。

首先对装备保障决策方案进行编码。为了计算方便,在处理本问题的过程中采用数字编码,编码长度为 25,前 15 位为装备编号,后 10 位为保障分队编号,染色体对应的保障方案为处在编码第 11 位保障分队保障第 1 位的装备,第 12 位的保障分队保障第 2 位的装备,如此续行,第 25 位的保障分队保障第 10 位的装备。如

9 15 2 7 1 12 13 14 6 4 3 10 8 11 5 2 7 4 8 1 10 5 6 9 3

表示的指挥决策为 $9-2,15-7,2-4,7-8,1-1,12-10,13-5,14-6,6-9,4-3$。

下面利用遗传算法来进行决策优化。按照 Schaffer 建议的参数范围:种群规模 $20 \leqslant n \leqslant 30$,交叉概率 $0.75 \leqslant P_c \leqslant 0.95$,变异概率 $0 \leqslant P_m \leqslant 0.05$,在此采用的遗传算法的种群规模为 30,交叉概率设为 0.8,变异概率为 0.01。初始种群由计算机随机产生,在进化的过程中,选择算子利用轮盘赌方法,交叉算子根据此具体问题采用自体双点交叉算法。这种交叉算法首先随机产生一条染色体,再随机产生 2~14 和 17~24 的两个整数,然后对前 15 位的数字在交叉点进行自体交叉,再对后 10 位在交叉点进行自体交叉,以上面的染色体为例,随机产生的两个整数为 4,20,对应的位置如染色体的虚线位置。

9 15 2 7 ¦ 1 12 13 14 6 4 3 10 8 11 5 2 7 4 8 1 ¦ 10 5 6 9 3

首先,对前 15 个个体(装备)进行自体交叉,得到下面的染色体:

1 12 13 14 6 4 3 10 8 11 5 9 15 2 7 2 7 4 8 1 1 ¦ 0 5 6 9 3

其次,对后 10 位(保障分队)进行自体交叉,最终得到下面的染色体:

1 12 13 14 6 4 3 10 8 11 5 9 15 2 7 10 5 6 9 3 2 7 4 8 1

最后,随机选择 1% 的染色体进行变异,变异为单点变异。随机抽取一条染色体,随机产生一个 1~25 的整数 $m$。当这个数小于 16 时,随机产生一个 1~15 的整数 $N$ 代替位置 $m$ 处的整数,并寻找 $N$ 在前 15 位的位置,用 $m$ 处原来的值来取代 $N$。

通过计算机编程,将遗传算法运行 100 代,得到的结果见表 5.9。

**表 5.9 利用遗传算法优化装备维修保障指挥决策方案**

| 保障分队编号 | 装备编号 | 指标函数值 |
|---|---|---|
| 1 | 2 | 0 |
| 2 | 1 | 0.457 5 |
| 3 | 3 | 3.000 0 |
| 4 | 7 | 1.450 0 |
| 5 | 9 | 0.952 5 |

续表

| 保障分队编号 | 装备编号 | 指标函数值 |
|---|---|---|
| 6 | 4 | 0.408 0 |
| 7 | 12 | 0.172 5 |
| 8 | 5 | 0 |
| 9 | 5 | 0.622 9 |
| 10 | 10 | 0.08 |

此装备维修保障决策的点的指标函数值为 7.143 4。

下面同样利用遗传算法来优化常规导弹力量的装备作战保障指挥决策。遗传算法采用与上面相同的设置,得到的结果见表 5.10。

表 5.10 利用遗传算法优化装备作战保障指挥决策

| 主战装备编号 | 阵地编号 | 指标函数值 |
|---|---|---|
| 1 | 17 | 0.708 0 |
| 2 | 16 | 0.612 0 |
| 4 | 19 | 0.564 0 |

此装备作战保障指挥决策的指标函数值为 1.884 0。

### 5.4.4 三种算法的比较

利用匈牙利算法得到的装备维修保障指挥决策方案的总的指标函数值为 5.245 5,利用 GA 算法得到的装备维修保障指挥决策方案的指标函数值为 7.143 4,均高于利用改进匈牙利算法得到的总的指标函数值 5.213 4,因此,利用改进匈牙利算法处理此问题优于以上两种算法。

利用匈牙利算法得到的装备作战保障指挥决策方案的指标函数值为 2.388 0,利用 GA 算法得到的装备作战保障指挥决策方案的指标函数值为 1.884 0,均高于利用改进匈牙利算法得到的指标函数值 1.74,因此,利用改进匈牙利算法处理此问题同样优于以上两种算法。

由上面结果可以看出,利用改进匈牙利算法取得的装备保障指挥决策方案要优于利用其他两种算法求得的决策方案。

改进匈牙利算法与匈牙利算法计算量相当,但从仿真结果来看,改进匈牙利算法要优于匈牙利算法。

GA 算法是一种优化效果较好、被广泛使用的方法,是智能优化算法的代表,目前很多优化算法的优化机制都与 GA 算法类似[12]。对于像 GA 算法这样的智能优化算法,虽然计算速度较快,但同时也有一定的缺陷。人们发现 GA 算法也会由于各种原因过早向目标函数的局部最优解收敛,从而很难找到全局最优解。其中有些是由于目标函数的特性造成的,例如函数具有欺骗性,不满足构造模块假设等。另外一些则是由于算法设计不当。还有一个原因是,目前的大多数新型算法都基于一定的概率因素,正是这些因素的存在使得算法得到的解是否为最优解也存在着一些概率因素。不妨把基于一定概率因素的优化算法称为基于概率的优化算法。因此,由以上分析来看,在优化效果上改进匈牙利算法得到的最优解的可能性要大于目前基于概率的优化算法。

目前,基于概率的优化算法的优势主要在于在处理大规模数据时优化速度快,数据的规模越小,这种优势越不明显。随着计算机运行速度的不断提高,新老算法在处理相同问题上的时间消耗差距会越来越小。对于常规导弹力量来说,在时间差距不太大的情况下,优化的效果显得更加重要。因此,总的来说,采用改进匈牙利算法求解常规导弹力量装备保障指挥辅助决策模型的优化效果,要优于采用基于概率的优化算法求解常规导弹力量装备保障指挥辅助决策模型的优化效果。

## 本 章 小 结

本章通过对常规导弹力量的装备保障指挥决策分析,充分考虑了常规导弹力量的装备保障指挥模式,建立了常规导弹力量装备保障指挥辅助决策模型,并针对此模型设计了启发式算法——改进匈牙利算法,最后通过仿真实验针对具体问题实现了这种算法。

## 参 考 文 献

[1] 高绪勇,谢桂海,明亮.野战装备指挥保障综合系统的设计与实现[J].军械工程学院学报,2006,18(2):39-42.
[2] 黄淑琴.综合评价决策支持系统模型的研究与设计[D].合肥:合肥工业大学,2006.
[3] 徐泽水.不确定多属性决策方法及应用[M].北京:清华大学出版社,2005.
[4] 张最良.军事运筹学[M].北京:军事科学出版社,1993.
[5] 甄涛.地地导弹武器作战效能评估方法[M].北京:国防工业出版社,2005.
[6] 马农乐,赵中极.基于层次分析法及其改进对确定权重系数的分析[J].水利科技与经济,2006,12(11):732-736.
[7] 汪民乐,李景文.机动导弹武器系统生存能力的综合评判[J].系统工程与电

子技术,1995(10):61-66.
[8] 钱颂迪. 运筹学[M]. 北京:清华大学出版社,1990.
[9] 吕学志. 求解考虑 RMS 因素的装备需求量的遗传算法[J]. 军械工程学院学报,2009,21(11):5-9.
[10] 房茂燕,汪民乐,李晓光. 遗传算法中种群进化方法改进研究[J]. 第二炮兵工程学院学报,2009(1):84-86.
[11] 冯杰. 遗传算法及其在导弹火力分配上的应用[J]. 火力与指挥控制,2004,29(2):35-38.
[12] 周明,孙树栋. 遗传算法原理及应用[M]. 北京:国防工业出版社,1999.

# 第6章 常规导弹力量装备保障指挥决策方案可行性评估

## 6.1 引言

常规导弹力量装备保障指挥决策的效率和水平直接关系到常规导弹作战效能以及战场生存力,因此,必须提高常规导弹力量装备保障指挥科学化水平,而建立符合常规导弹作战实际的装备保障指挥辅助决策系统,以辅助决策者快速、准确地制定满足常规导弹作战要求的装备行动方案,已成为信息化条件下装备保障指挥的必要手段[1-2]。快速生成常规导弹力量装备保障指挥决策方案(Equipment Support Command Plan of Conventional Missile,ESCPoCM)是常规导弹力量装备保障指挥辅助决策系统的重要功能之一,而 ESCPoCM 可行性评估则是常规导弹装备保障指挥辅助决策的重要内容。现代战争突发性强,战役战斗节奏快、进程短,战场情况瞬息万变,使得常规导弹力量装备保障组织指挥的时限大为缩短,难度增大,需要装备保障指挥人员能够实时了解战场情况并对其进行干预,在极短的时间内综合考虑各方面因素,准确制定合理、可行的装备保障指挥决策方案,而装备保障指挥决策方案一旦实施,就难以在允许的作战时限内进行更改与修正,因此,对装备保障指挥决策方案的可行性提出了更高的要求[3-4]。本章针对常规导弹装备保障指挥决策特点,建立 ESCPoCM 可行性的评估指标体系,提出模糊多级综合评价的方法对 ESCPoCM 可行性进行评估,该方法能够适应 ESCPoCM 可行性影响因素的模糊性和随机性,有利于 ESCPoCM 的优化选择。

## 6.2 常规导弹力量装备保障指挥决策方案可行性评估指标体系

要进行装备保障指挥决策方案可行性评估,首先必须建立装备保障指挥决策方案可行性的评估指标体系[5-6]。根据对装备保障指挥决策方案可行性评估因素的分析,可以确定常规导弹力量装备保障指挥决策方案可行性的评估指标(见图6.1)。其中,评估指标划分为三类:"方案代价 A"体现方案的经济可行性;"方案复杂程度 B"体现方案实施的可行性;"方案可靠程度 C"体现方案的可信性。

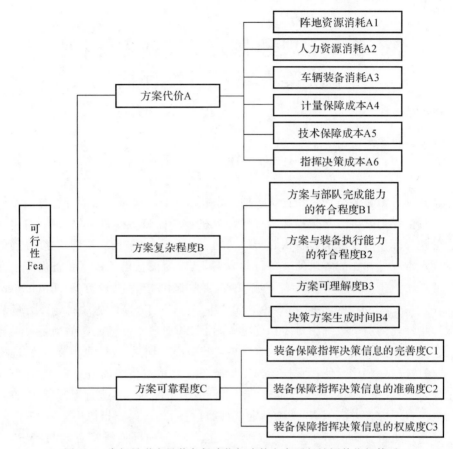

图 6.1 常规导弹力量装备保障指挥决策方案可行性评估指标体系

## 6.3 常规导弹力量装备保障指挥决策方案可行性的模糊多级综合评判

在 6.2 节所给出的常规导弹力量装备保障指挥决策方案可行性的评估因素中,既有可控因素,又有不可控因素。而且这些因素对装备保障指挥决策方案可行性的影响都具有相当程度的模糊性和随机性,难以进行绝对的度量。因此,采用模糊综合评判的方法实现装备保障指挥决策方案可行性的评估[7-8]。

### 6.3.1 评判等级集合的确定

可将装备保障指挥决策方案可行性划分为 5 个等级:低、较低、一般、较高和高,分别用Ⅰ,Ⅱ,Ⅲ,Ⅳ和Ⅴ表示,这样得到评价等级集合

$$U=\{Ⅰ,Ⅱ,Ⅲ,Ⅳ,Ⅴ\}$$

评判等级与装备保障指挥决策方案可行性的对应关系见表6.1。表中所列概率值实际是评判等级的量化指标或者分级标准。

**表 6.1 评判等级的量化指标**

| 评判等级 | Ⅰ | Ⅱ | Ⅲ | Ⅳ | Ⅴ |
|---|---|---|---|---|---|
| 装备保障指挥决策方案可行性 | ≤0.2 | >0.2~0.4 | >0.4~0.6 | >0.6~0.8 | >0.8 |

### 6.3.2 评判因素集的确定

图6.1评估指标体系中的底层指标即为装备保障指挥决策方案可行性的13个评判因素如下：

(1) 阵地资源消耗 A1。
(2) 人力资源消耗 A2。
(3) 车辆装备消耗 A3。
(4) 计量保障成本 A4。
(5) 技术保障成本 A5。
(6) 指挥决策成本 A6。
(7) 方案与部队完成能力的符合程度 B1，体现方案由部队组织落实的可行性。
(8) 方案与装备执行能力的符合程度 B2，体现方案的技术可行性。
(9) 方案可理解度 B3，体现方案的直观性、易执行性和可操作性。
(10) 决策方案生成时间 B4。
(11) 装备保障指挥决策信息的完善度 C1。
(12) 装备保障指挥决策信息的准确度 C2。
(13) 装备保障指挥决策信息的权威度 C3。

由于指标的量化不是本章研究的重点，为了简化起见，本章将指标统一转化为效益型指标或成本型指标，即通过无量纲化将指标映射到[0,1]之间的一个值。若为效益型指标，则数值越大表示可行性越高，数值越小表示可行性越低；若为成本型指标，则数值越大表示可行性越低，数值越小表示可行性越高。指标映射的方法分为线性方法和非线性方法，可根据需要进行选择[9-10]。为方便起见，以下将装备保障指挥决策方案可行性评判因素统一记为 $v_i(i=1,2,\cdots,13)$，所有评判因素构成评判因素集 $V$。

### 6.3.3 常规导弹力量装备保障指挥决策方案可行性的二级模糊综合评判

根据评判因素的不同属性，可将评判因素集 $V$ 划分为3个子集

$$V_1=\{v_1,v_2,v_3,v_4,v_5,v_6\}, \quad V_2=\{v_7,v_8,v_9,v_{10}\}, \quad V_3=\{v_{11},v_{12},v_{13}\}$$

式中,$V_1$ 反映方案代价对常规导弹力量装备保障指挥决策方案可行性的影响;$V_2$ 反映方案复杂程度对常规导弹力量装备保障指挥决策方案可行性的影响;$V_3$ 反映方案可靠程度对常规导弹力量装备保障指挥决策方案可行性的影响。

据此,可以建立常规导弹力量装备保障指挥决策方案可行性的二级模糊综合评判模型。

第一级分别对在 $V_1,V_2,V_3$ 等3个评判因素子集中的因素影响下的常规导弹力量装备保障指挥决策方案可行性进行评判,模型为[合成运算 $*$ 取 $M(\cdot,+)$ 算子]

$$\underset{\sim}{B_1}=\underset{\sim}{A_1}*\underset{\sim}{\boldsymbol{R}_1} \tag{6.1}$$

$$\underset{\sim}{B_2}=\underset{\sim}{A_2}*\underset{\sim}{\boldsymbol{R}_2} \tag{6.2}$$

$$\underset{\sim}{B_3}=\underset{\sim}{A_3}*\underset{\sim}{\boldsymbol{R}_3} \tag{6.3}$$

式中,$A_1,A_2,A_3$ 分别为 $V_1,V_2,V_3$ 中的评判因素权重集,是评判因素集 $V$ 的模糊子集;$\boldsymbol{R}_1$、$\boldsymbol{R}_2$、$\boldsymbol{R}_3$ 分别为 $V_1,V_2,V_3$ 与评判等级集合 $U$ 之间的模糊关系矩阵,其形式为

$$\underset{\sim}{\boldsymbol{R}_1}=\begin{bmatrix} r_{11,1} & r_{11,2} & r_{11,3} & r_{11,4} & r_{11,5} \\ r_{12,1} & r_{12,2} & r_{12,3} & r_{12,4} & r_{12,5} \\ r_{13,1} & r_{13,2} & r_{13,3} & r_{13,4} & r_{13,5} \\ r_{14,1} & r_{14,2} & r_{14,3} & r_{14,4} & r_{14,5} \\ r_{15,1} & r_{15,2} & r_{15,3} & r_{15,4} & r_{15,5} \\ r_{16,1} & r_{16,2} & r_{16,3} & r_{16,4} & r_{16,5} \end{bmatrix}$$

$$\underset{\sim}{\boldsymbol{R}_2}=\begin{bmatrix} r_{21,1} & r_{21,2} & r_{21,3} & r_{21,4} & r_{21,5} \\ r_{22,1} & r_{22,2} & r_{22,3} & r_{22,4} & r_{22,5} \\ r_{23,1} & r_{23,2} & r_{23,3} & r_{23,4} & r_{23,5} \\ r_{24,1} & r_{24,2} & r_{24,3} & r_{24,4} & r_{24,5} \end{bmatrix}$$

$$\underset{\sim}{\boldsymbol{R}_3}=\begin{bmatrix} r_{31,1} & r_{31,2} & r_{31,3} & r_{31,4} & r_{31,5} \\ r_{32,1} & r_{22,2} & r_{22,3} & r_{22,4} & r_{22,5} \\ r_{33,1} & r_{33,2} & r_{33,3} & r_{33,4} & r_{33,5} \end{bmatrix}$$

$B_1,B_2,B_3$ 分别为对应于 $V_1,V_2,V_3$ 的常规导弹力量装备保障指挥决策方案可行性的一级评判结果,它们均为评判等级集合 $U$ 上的模糊子集。

在一级评判的基础上,进行二级综合评判,其模型

$$\underset{\sim}{B}=\underset{\sim}{A}*\begin{bmatrix}\underset{\sim}{B_1}\\ \underset{\sim}{B_2}\\ \underset{\sim}{B_3}\end{bmatrix} \tag{6.4}$$

式中，$\underset{\sim}{A}$ 为 $V_1, V_2, V_3$ 这 3 类评判因素的权重集，即将 $V_1, V_2, V_3$ 这 3 个评判因素子集视为评判因素集 $V$ 中 3 个集合元素时各自的权重；$\underset{\sim}{B}$ 为总的评判结果。

### 6.3.4 模糊关系矩阵的确定

确定模糊关系矩阵 $\underset{\sim}{R_1}, \underset{\sim}{R_2}, \underset{\sim}{R_3}$ 就是要确定矩阵元素 $r_{i,j}$，而 $r_{i,j}$ 就是只考虑评判因素 $v_i(i=1,2,\cdots,13)$ 时常规导弹装备保障指挥决策方案可行性对评判等级 $j(j=1,2,\cdots,5)$ 的隶属度 $\mu_{ij}(v_i)$，这样问题转化为求评判因素对评判等级的隶属度。

评判因素 $v_i(i=1,2,\cdots,13)$ 相对于 Ⅰ，Ⅱ，Ⅲ，Ⅳ 这 4 个等级的隶属函数可取为正态分布，形式为

$$\mu_{ij}(v_i) = e^{\left[-\left(\frac{v_i - m_{ij}}{\sigma_{ij}}\right)^2\right]} \quad (i=1,2,\cdots,13, j=1,2,3,4) \tag{6.5}$$

式中，$m_{ij}$ 为第 $i$ 个因素 $v_i(i=1,2,\cdots,13)$ 对第 $j$ 个等级的统计值的平均值；$\sigma_{ij}$ 为第 $i$ 个因素 $v_i(i=1,2,\cdots,13)$ 对第 $j$ 个等级的统计值的均方差。

但常规导弹力量装备保障指挥决策方案可行性的评判因素对评判等级 Ⅴ 的隶属函数则不能视为正态分布，应另行确定。之所以如此，是因为评判等级 Ⅴ 是最高等级，评判因素相对于评判等级 Ⅴ 的模糊分布不可能是对称分布。对任一评判因素，随着评判因素值的增大，评判因素对评判等级 Ⅴ 的隶属度要么趋于增大直至 1，要么趋于下降直至 0，二者必居其一。评判因素 $v_i(i=1,2,\cdots,13)$ 可分为两类：第一类是因素值与常规导弹装备保障指挥决策方案可行性成正比的因素，第二类是因素值与常规导弹装备保障指挥决策方案可行性成反比的因素。对于第一类评判因素，其对等级 Ⅴ 的隶属函数可取升半岭形分布如图 6.2 所示；对于第二类评判因素，其对等级 Ⅴ 的隶属函数可取降半岭形分布如图 6.3 所示。这两种分布的图像及隶属函数式如下：

升半岭形分布（适用于 $v_7, v_8, v_9, v_{10}, v_{11}, v_{12}, v_{13}$）则

$$\mu_{ij}(v_i) = \begin{cases} 0, & 0 < v_i \leqslant a_i \\ \frac{1}{2} + \frac{1}{2}\sin\frac{\pi}{b_i - a_i}\left(v_i - \frac{a_i + b_i}{2}\right), & a_i < v_i < b_i \\ 1, & v_i \geqslant b_i \end{cases} \tag{6.6}$$

降半岭形分布（适用于 $v_1, v_2, v_3, v_4, v_5, v_6$）则

$$\mu_{ij}(v_i) = \begin{cases} 1, & 0 < v_i \leqslant a_i \\ \frac{1}{2} - \frac{1}{2}\sin\frac{\pi}{b_i - a_i}\left(v_i - \frac{a_i + b_i}{2}\right), & a_i < v_i < b_i \\ 0, & v_i \geqslant b_i \end{cases} \tag{6.7}$$

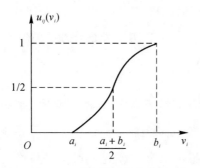
图6.2 升半岭形分布曲线

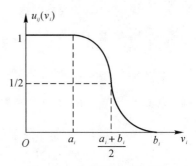
图6.3 降半岭形分布曲线

假定对于同一评判因素,其统计值的均方差 $\sigma_{ij}$ 对任一评判等级都是相等的,即 $\sigma_{ij}=\sigma_i(j=1,2,3,4)$。根据专家经验及有关统计数据,确定 $m_{ij}(i=1,2,\cdots,13,\ j=1,2,3,4), \sigma_i(j=1,2,3,4)$ 及 $a_i,b_i(i=1,2,3,4)$,结果见表 6.2~表 6.4。

表 6.2 评判因素在 Ⅰ,Ⅱ,Ⅲ,Ⅳ 等 4 个评判等级的均值

| | Ⅰ | Ⅱ | Ⅲ | Ⅳ |
| --- | --- | --- | --- | --- |
| $v_1$ | 0.80 | 0.60 | 0.40 | 0.20 |
| $v_2$ | 0.85 | 0.65 | 0.40 | 0.20 |
| $v_3$ | 0.80 | 0.65 | 0.50 | 0.30 |
| $v_4$ | 0.90 | 0.70 | 0.45 | 0.15 |
| $v_5$ | 0.85 | 0.75 | 0.50 | 0.30 |
| $v_6$ | 0.92 | 0.62 | 0.45 | 0.25 |
| $v_7$ | 0.20 | 0.40 | 0.65 | 0.86 |
| $v_8$ | 0.16 | 0.38 | 0.64 | 0.78 |
| $v_9$ | 0.22 | 0.40 | 0.65 | 0.90 |
| $v_{10}$ | 0.20 | 0.50 | 0.65 | 0.85 |
| $v_{11}$ | 0.18 | 0.45 | 0.70 | 0.92 |
| $v_{12}$ | 0.16 | 0.38 | 0.64 | 0.78 |
| $v_{13}$ | 0.33 | 0.44 | 0.68 | 0.86 |

表 6.3 评判因素在 Ⅰ,Ⅱ,Ⅲ,Ⅳ 等 4 个评判等级的均方差

| $\sigma_1$ | $\sigma_2$ | $\sigma_3$ | $\sigma_4$ |
| --- | --- | --- | --- |
| 0.25 | 0.30 | 0.45 | 0.40 |

表 6.4　评判因素对等级 V 的隶属函数特征点 $a_i, b_i$ 值

| 评判因素 $v_i$ | $v_1$ | $v_2$ | $v_3$ | $v_4$ |
|---|---|---|---|---|
| 特征点 $a_i$ | 0.30 | 0.40 | 0.48 | 0.55 |
| 特征点 $b_i$ | 0.70 | 0.60 | 0.84 | 0.90 |
| 评判因素 $v_i$ | $v_5$ | $v_6$ | $v_7$ | $v_8$ |
| 特征点 $a_i$ | 0.20 | 0.44 | 0.35 | 0.40 |
| 特征点 $b_i$ | 0.80 | 0.70 | 0.70 | 0.90 |
| 评判因素 $v_i$ | $v_9$ | $v_{10}$ | $v_{11}$ | $v_{12}$ |
| 特征点 $a_i$ | 0.25 | 0.36 | 0.48 | 0.30 |
| 特征点 $b_i$ | 0.85 | 0.78 | 0.84 | 0.85 |
| 评判因素 $v_i$ | $v_{13}$ | | | |
| 特征点 $a_i$ | 0.30 | | | |
| 特征点 $b_i$ | 0.80 | | | |

### 6.3.5　评判因素权重的确定

评判因素的权重可由层次分析法（AHP）获得，不作为本章研究重点，故从略。

## 6.4　评估示例

### 6.4.1　计算条件

(1) 假定根据事先的评估和计算，得到相关因素值（见表 6.5）。

表 6.5　常规导弹装备保障指挥决策方案可行性的评判因素值

| 因素编号 | 因素值 |
|---|---|
| $v_1$ | 0.50 |
| $v_2$ | 0.25 |
| $v_3$ | 0.45 |
| $v_4$ | 0.30 |
| $v_5$ | 0.15 |
| $v_6$ | 0.10 |

续表

| 因素编号 | 因素值 |
| --- | --- |
| $v_7$ | 0.75 |
| $v_8$ | 0.86 |
| $v_9$ | 0.82 |
| $v_{10}$ | 0.90 |
| $v_{11}$ | 0.78 |
| $v_{12}$ | 0.46 |
| $v_{13}$ | 0.53 |

(2)假定根据AHP方法确定的各级指标权重集分别为

$$(A,B,C) = \{0.50, 0.30, 0.20\}$$
$$(A_1, A_2, A_3, A_4, A_5, A_6) = \{0.15, 0.25, 0.25, 0.05, 0.10, 0.20\}$$
$$(B_1, B_2, B_3, B_4) = \{0.20, 0.20, 0.30, 0.30\}$$
$$(C_1, C_2, C_3) = \{0.40, 0.40, 0.20\}$$

### 6.4.2 计算步骤

步骤1:利用式(6.5)～式(6.7)计算出 $\mu_{ij}(v_i)$,即模糊关系矩阵 $\underset{\sim}{R_1}, \underset{\sim}{R_2}, \underset{\sim}{R_3}$ 的元素值,于是得到

$$\underset{\sim}{R_1} = \begin{bmatrix} 0.2369 & 0.8948 & 0.9518 & 0.5698 & 0.5000 \\ 0.0032 & 0.1690 & 0.8948 & 0.9845 & 1.0000 \\ 0.1409 & 0.6412 & 0.9877 & 0.8688 & 1.0000 \\ 0.0032 & 0.1690 & 0.8948 & 0.8688 & 1.0000 \\ 0.0004 & 0.0183 & 0.5461 & 0.8688 & 1.0000 \\ 0.0000 & 0.0496 & 0.5461 & 0.8688 & 1.0000 \end{bmatrix}$$

$$\underset{\sim}{R_2} = \begin{bmatrix} 0.0079 & 0.2564 & 0.9518 & 0.9272 & 1.0000 \\ 0.0004 & 0.0773 & 0.7874 & 0.9608 & 0.9843 \\ 0.0032 & 0.1409 & 0.8670 & 0.9608 & 0.9938 \\ 0.0004 & 0.1690 & 0.7344 & 0.9845 & 1.0000 \end{bmatrix}$$

$$\underset{\sim}{R_3} = \begin{bmatrix} 0.0004 & 0.0773 & 0.7874 & 0.9608 & 0.9843 \\ 0.0032 & 0.1409 & 0.8670 & 0.9608 & 0.9938 \\ 0.0004 & 0.1690 & 0.7344 & 0.9845 & 1.0000 \end{bmatrix}$$

步骤2:根据AHP方法确定的评判因素权重集分别为

$$\underset{\sim}{A_1} = \{0.15, 0.25, 0.25, 0.05, 0.10, 0.20\}$$

$$\underset{\sim}{A_2} = \{0.20, 0.20, 0.30, 0.30\}$$

$$\underset{\sim}{A_3} = \{0.40, 0.40, 0.20\}$$

$$\underset{\sim}{A} = \{0.50, 0.30, 0.20\}$$

由式(6.1)～式(6.3)得到一级评判结果为

$$\underset{\sim}{\boldsymbol{B}_1} = [0.071\ 8 \quad 0.357\ 0 \quad 0.822\ 0 \quad 0.852\ 9 \quad 0.925\ 0]$$

$$\underset{\sim}{\boldsymbol{B}_2} = [0.002\ 7 \quad 0.159\ 7 \quad 0.828\ 3 \quad 0.961\ 2 \quad 0.995\ 0]$$

$$\underset{\sim}{\boldsymbol{B}_3} = [0.201\ 5 \quad 0.674\ 6 \quad 0.907\ 4 \quad 0.666\ 1 \quad 0.538\ 5]$$

步骤3:由式(6.4)得到二级评判结果为

$$\underset{\sim}{\boldsymbol{B}} = [0.077\ 0 \quad 0.361\ 3 \quad 0.841\ 0 \quad 0.848\ 0 \quad 0.868\ 7]$$

归一化后得

$$\underset{\sim}{\boldsymbol{B}_1} = [0.025\ 7 \quad 0.120\ 6 \quad 0.280\ 7 \quad 0.283\ 1 \quad 0.289\ 9]$$

### 6.4.3 评判结果

根据最大隶属度原则可知,常规导弹力量装备保障指挥决策方案可行性为等级Ⅴ,说明该决策方案可行性高。

### 6.4.4 与其他相关方法的比较分析

对于该类问题,常用多指标综合评价方法,自底向上逐层对评价指标值进行加权合成,其评价结果对指标值十分敏感,但一般情况下评价指标难以准确量化,由此导致评价结果的不准确性。换言之,多指标综合评价方法只有在评价指标值十分精确的情况下才能获得准确的评价结果,而在此采用的模糊多级综合评价方法对评价指标值具有容错性,只要评价指标值不产生过度偏离,将不影响评价结果的准确性。

# 本 章 小 结

在武器装备日趋高科技化、体系对抗特征不断增强和战场损伤程度加剧的形势下,装备保障的精确性更加突出,因而对装备保障指挥决策方案的可行性提出了更高的要求。本章针对常规导弹装备保障指挥决策的特点,在分析ESCPoCM可行性影响因素的基础上,提出了ESCPoCM可行性的评价指标体系,给出了ESCPoCM可行性评估的模糊综合评价方法,并通过评估示例验证了方法的可行性,为ESCPoCM的制定提供了辅助决策依据。ESCPoCM的可行性是常规导弹装备保障指挥决策效能的重要指标之一,而常规导弹装备保障指挥决策效能的另一个重要指标是装备保障指挥决策方案的有效性。在本章研究的基础上,可开展 ESCPoCM 有效性评估的研究,以装备保障效果为目标,建立基于任务完成能力、装备保障费用和战术要求约束下的 ESCPoCM 有效性评估模型,实现 ESCPoCM 有效性的定量评估与分析。

# 参 考 文 献

[1] 陈晓山,朱建冲,翁辉. 基于效果的装备保障指挥决策与体系控制研究[J]. 现代防御技术,2013,41(4):147-153.
[2] 张春润. 装备保障需求开发方法[J]. 装甲兵工程学院学报,2012,26(3):14-18.
[3] CHRISTIANSON C V. Global Dispersion, Global Sustainment: A Mandate for a Global Logistics Organization[J]. Joint Force Quarterly, 2012(2):4-15.
[4] 马懿,卢昱,陈立云,等. 信息化作战装备保障力量配置问题研究[J]. 运筹与管理,2012,21(5):182-186.
[5] 姚伟召,陈庆华,李鑫,等. 部队装备保障训练评估指标体系研究[J]. 装备学院学报,2012,23(5):19-23.
[6] 绳慧,张柳. 基于 IDEF 的使用阶段装备保障方案评价模型[J]. 指挥控制与仿真,2011,33(4):42-46.
[7] 蔡纪伟,贾云献,孙晓,等. 直觉模糊推理的装备保障指挥决策模型[J]. 火力与指挥控制,2013,38(2):31-34.
[8] 彭善国,王希武,王寅龙. 基于贝叶斯网络的装备保障能力评估方法研究[J]. 计算机与数字工程,2011,39(6):61-64.
[9] 李想,杨英杰,绳慧. 战时装备保障力量抽组多目标优化模型研究[J]. 指挥控制与仿真,2011,33(5):54-57.
[10] 王晖,吕力,陈绍山. 装备保障指挥决策支持模型体系构建[J]. 装甲兵工程学院学报,2012,26(3):10-13.

# 第7章　常规导弹力量装备保障指挥辅助决策系统总体设计

## 7.1 引　　言

装备保障指挥是装备决策者对装备作战和装备保障行动进行的运筹决策、计划和协调控制活动。要实现信息化条件下主战装备和保障装备的全系统、全寿命集中统一管理和控制，离不开及时而正确的装备保障指挥决策，而装备保障指挥决策也是现代指挥自动化中指挥决策的一个重要组成部分[1]。

新时期军事斗争准备的目标不仅要打赢高技术条件下的局部战争，更要打赢信息化条件下的局部战争，而随着新军事变革的不断深入，世界上一些军事强国，如美国、俄国、英国、法国、德国等国家，正在进行作战部队模块化改革，这必然导致未来作战的行动节奏变得更快，进一步加速现代战争的信息化进程。现代战争突发性强，战役战斗节奏快、进程短，战场情况瞬息万变，使得组织指挥装备保障的时限大为缩短；战场信息量剧增，指挥跨度增大，层次提高，协同控制难度增大，各项装备保障任务繁重，装备部门组织协同、拟制保障计划等工作量剧增。同时，作战的快节奏也对装备保障的时效性提出了更高的要求。而且，大量新武器的涌现，特别是高技术武器装备的广泛使用，致使现代战场的变化更加捉摸不定。频繁的攻防转换、超视距打击、导弹战、电子战和网络战等，都给战场变化带来了大量的未知因素，需要装备保障指挥人员能够实时了解战场情况并对其进行干预，在极短的时间内综合考虑各方面因素，制定对策，果断处置各种情况。传统的装备保障指挥手段不具备快速反应能力，因此，难以适应现代战争尤其是信息化战争的新型指挥模式，迫切需要实现装备保障指挥自动化，对装备保障及装备作战行动实施高效指挥[2]。实践表明，指挥自动化系统是军队战斗力的倍增器，加强装备保障指挥自动化的建设刻不容缓。因此，不但要重视作战装备整体技术和信息化建设，还要重视装备保障指挥系统自动化建设水平的提高。

对常规导弹力量而言，其装备复杂多样，作战机动范围较大，战场环境复杂多变，现行的装备保障指挥方式已经不能适应信息化作战要求，而目前常规导弹力量还没有专门的装备作战与保障指挥系统，而且在该方面开展的工作也比较少。常规导弹力量中与装备保障指挥有关的仅有装备信息系统建设，但只停留在武器装备管理和质量监控的层次，且信息不够全面，实时更新慢，很难为装备保障指挥决策提供可靠的依据，装备保障指挥决策主要依靠决策者的主观判断和分析，这大大制约了常规导弹力量的装备保障能力与反应时间，使常规导弹力量的装备保障指挥能力远远不能满足未来战争的作战快速反应的需求。因此，针对常规导弹力量装备多、型号复杂和指挥难度大等特点，实现装备保障指挥自动化、智能化，是未来信息化战争对装备保障提出的新要求，也是装备保障指挥的发展趋势。研究与常规导弹部队相适应的快速高效的装备保障指挥决策系统，也是现代知识型战争的需求。由此可见，建设符合信息化条件下常规导弹力量作战实际的装备保障指挥辅助决策系统，对常规导弹力量装备进行合理调度与控制，从而实现常规导弹力量装备精确指挥和快速反应的目标，已成为当务之急。

## 7.2 常规导弹力量装备保障指挥辅助决策系统功能设计

常规导弹装备保障指挥辅助决策系统由战场信息实时更新子系统、装备保障指挥辅助决策子系统和可视化人机交互子系统三大部分组成。系统的主要功能如下：

(1)采集战场信息，并对信息进行预处理。

(2)能够根据不同的任务要求提供不同的常规导弹部队装备保障指挥辅助决策方案。

(3)通过可视化人机交互子系统将战场态势和辅助决策方案呈现在决策者面前。其功能结构如图7.1所示。

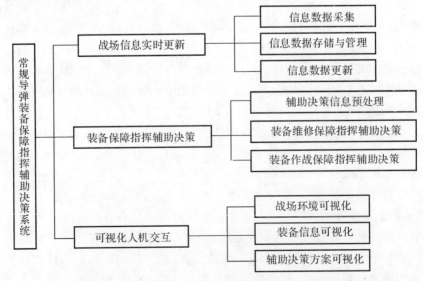

图7.1 常规导弹力量装备指挥辅助决策系统功能结构图

## 7.3 常规导弹力量装备保障指挥辅助决策系统体系结构设计

根据常规导弹力量装备保障指挥辅助决策系统的功能,常规导弹力量装备保障指挥辅助决策系统的体系结构可由4层构成,如图7.2所示。

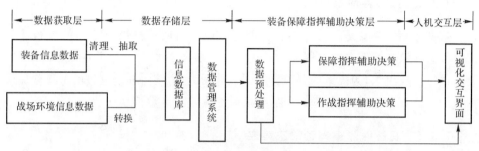

图7.2 常规导弹力量装备保障指挥辅助决策体系结构

### 7.3.1 数据获取层

数据获取层为最底层,通过战场数据感知终端,获取与常规导弹力量装备保障指挥决策相关的信息,包括战场环境信息与装备信息。由于底层数据的异构性和自治性,为保持数据一致性必须对数据源中的数据进行清洗、抽取和转换,生成综合的、统一的数据类型存入数据库,这样也保证了数据挖掘的数据质量[3]。

目前,对战场环境信息的获取可以通过侦察卫星、战场监控系统和特种侦察等手段,更新速度比较快,但对装备信息数据的采集,手段还比较单一,主要是以基本作战编成为单位,每个单位设置一个信息采集终端,完成对装备信息的收集、传递和更新等功能,其本质是多台装备共用一个信息采集终端。但是,对于常规导弹力量来说,装备种类和数量较多,同时装备的状态指标多而复杂,数据量大。因此,采用上述装备信息采集模式,将使装备信息收集和更新的速度较慢,导致装备数据信息的采集严重滞后于战场态势的变化。而且,在战争状态下,由于人员、装备分布比较广,各种装备信息到数据采集终端的传输途径难以保证畅通,所以,这种模式很难对常规导弹力量装备数据信息进行实时更新。因此,对常规导弹力量装备保障指挥辅助决策系统来说,有必要研制专用装备数据采集终端,并将其直接安装在装备上。

装备数据采集终端利用无线通信技术与数据存储器相连,可由装备使用者进行操作。当装备发生故障或遭受攻击时,或装备的位置发生变化时,使用者利用此装置将装备信息传递给数据库,从而对数据进行及时更新。另外,此装置也可直接与装备的控制计算机连接。目前许多装备都配备控制计算机,对装备的性能、状态进行实时监测,此装置可以将控制计算机的监测信息利用无线通信技术传递到数据存储器。

### 7.3.2 数据存储层

数据存储层主要是用来存储和管理加工处理后的面向决策主题的综合性数据。数据存储和管理器可按照战场环境数据和装备数据进行分类存储管理,并按要求进行重新组织,为决策的制定提供大量数据,也为装备辅助决策的可视化提依据。为支持数据挖掘,数据仓库中的数据需提供复杂的数据变换功能。

### 7.3.3 装备保障指挥辅助决策层

装备保障指挥辅助决策层是常规导弹力量装备保障指挥辅助决策系统的核心部分。根据指挥决策类型,装备保障指挥辅助决策模块分为装备保障指挥辅助决策模块和装备作战指挥辅助决策模块[4-5]。当系统需要进行装备保障指挥辅助决策时,首先根据装备保障指挥决策的类型,选择装备保障指挥辅助决策模块,再根据具体任务利用数据挖掘技术从数据存储层读取相关的有效信息,并对相关信息进行预处理,然后利用相应的装备辅助决策模块进行处理优化,按照决策者要求,制定相应的装备保障指挥辅助决策方案。

### 7.3.4 人机交互层

人机交互层为决策者提供与系统交互的入口。决策者发出决策请求后,数据挖掘工具从数据仓库中挖掘与任务相关的数据并进行预处理,再通过装备辅助决策模块优化得到相应的装备保障指挥辅助决策方案。人机交互层最重要的是可视化人机交互界面或可视化终端。

常规导弹力量装备保障指挥辅助决策系统的可视化人机交互子系统,可以直接读取数据存储层中战场环境数据和装备数据,并将这些数据转化成可视化信息,利用可视化终端设备以视频或图像的形式,将战场环境和装备的状态构成的战场态势呈现在决策者面前,使决策者能够更加直观地了解战场环境和装备状态。另外,由装备保障指挥辅助决策模块制定的辅助决策方案,也可以通过数据转换将决策方案转化为可视化信息,并通过可视化终端表现在战场态势图上,使决策者对由装备保障指挥辅助决策系统制定的辅助决策方案有一个更直观的认识。

## 7.4 常规导弹力量装备保障指挥辅助决策系统关键技术

常规导弹力量装备保障指挥辅助决策系统实现的关键在于辅助决策建模技术、数据采集技术、信息传输与通信技术、数据融合与信息管理技术、数据挖掘技术和辅助决策信息可视化技术,如图7.3所示。

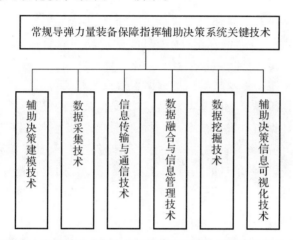

图7.3 常规导弹力量装备保障指挥辅助决策系统关键技术

### 7.4.1 辅助决策建模技术

装备保障指挥的任务是合理配置和正确运用装备力量,控制和协调装备行动,组织装备协同与防卫,提高装备使用效率。而装备保障指挥辅助决策的目的是生成各种可能的决策方案,其主要手段是辅助决策的模型化,即通过对不同方案进行建模分析,定量评估方案优劣,实现装备保障指挥决策方案的优化选择,在动态变化中形成装备保障计划和行动程序。由此可见,辅助决策建模技术是实现常规导弹力量装备保障指挥决策自动化、智能化的核心。

常规导弹力量装备保障指挥辅助决策模型主要包括以下几类:

(1)常规导弹力量作战保障装备需求模型。以装备最少作战使用费用为目标函数,以装备完成任务能力与装备数量之间的关系为约束,建立非线性有约束最优化模型,并采用基于动态收敛准则的遗传模拟退火算法对其求解。

(2)常规导弹力量装备作战指挥辅助决策模型和装备保障指挥辅助决策模型。以各种装备的最小危险度为目标函数,以机动区域、战场地形和作战阵地为约束,建立线性有约束最优化模型,其本质是指派模型,并采用改进匈牙利算法对其求解。

(3)常规导弹力量装备保障指挥决策方案可行性分析模型。以方案代价、方案复杂程度和方案可靠程度为一级指标,以技术保障成本、阵地资源消耗等13个指标为二级指标,采用模糊多级多属性综合评价方法实现常规导弹力量装备保障指挥决策方案可行性的定量评估。

### 7.4.2 数据采集技术

数据采集技术是常规导弹力量装备保障指挥辅助决策的基础,要使系统能够制定出准确及时的辅助决策方案,必须对战场信息和装备信息进行及时采集和更新。

数据采集技术主要涉及战场信息数据采集技术和装备信息数据采集技术。目前我军的战场数据采集技术已基本成熟,如卫星侦察技术、战场环境监控技术以及一些其他的战场数据信息采集技术,对战场信息的采集基本能够达到实时更新的要求。但是,我军的战场装备信息采集技术还不够完善,而对于常规导弹力量装备保障指挥决策来说,装备信息的实时更新又非常重要。因此,对于战场装备信息数据的采集技术有必要继续研究,本章7.3.1小节也提出了装备数据采集终端的设想。

### 7.4.3 信息传输与通信技术

信息传输与通信是常规导弹力量装备保障指挥决策的重要辅助手段,对决策者选择决策方案的过程有重要影响,其本质是对常规导弹力量装备保障指挥辅助决策系统的辅助决策效果产生影响。因此,装备保障指挥辅助决策系统需要可靠性高、数据传输速率快、保密性好的信息传输与通信系统。信息传输与通信技术主要包括有线通信系统和无线通信系统。有线通信系统的优势主要在于信号保真度高,但有线通信不够灵活,受地理位置的限制较大,且抗毁性低,易受破坏。目前对战场环境信息的侦察和监控,大都采用无线通信技术。在战争状态下大多数装备处于运动状态,对于装备信息数据的采集,也主要是通过无线通信技术,将装备的各种信息传递给信息管理系统,因此,无线通信系统的优劣直接影响到数据采集的质量和实时性。但无线通信也存在以下不足:

(1)通信信息不够安全,易被敌方截获。
(2)通信可靠性差,易受干扰。
(3)通信信息隐蔽性差,从而使常规导弹装备易被敌方侦测和定位。

为克服这些不足,可采取以下技术策略:

(1)充分利用民用通信系统,实现军民融合,提高无线通信的隐蔽性。

(2) 增加常规导弹作战区域内信息通信网络节点的分布密度,提高信息网络的生存力。

(3) 提高无线通信网络的抗干扰能力。

(4) 提高信息通信系统软件的安全性。

### 7.4.4 数据融合与信息管理技术

由于数据采集终端的多样性,使采集的数据存在着异构性和自治性。因此,在将这些数据存入装备信息管理数据库之前,要运用现代数据融合处理技术,对来自于不同采集终端的数据进行清理、抽取、转换和融合处理,生成装备信息,并通过大规模存储技术将这些信息以统一格式存储到装备信息管理数据库,由信息管理系统进行有效管理[6]。信息管理系统是装备保障指挥辅助决策系统的重要部分,信息管理技术对装备保障指挥辅助决策有着重要的影响。由数据终端采集到的各种数据存储到装备信息管理数据库之后,信息管理系统还要对数据进行处理,将来自各种数据采集终端的数据进行分类,并对更新的数据进行标示,以便能够及时调用。

信息管理系统主要收集、存储两大类信息:装备信息和战场环境信息。装备信息主要由装备改进管理信息和装备使用管理信息、装备维修管理信息、装备储存管理信息、装备退役(报废)管理信息等组成,对于常规导弹来说,装备信息还包含一些特殊装备所处的状态、性能、位置等。影响常规导弹力量装备保障指挥决策的战场环境信息主要有战场道路交通信息、战场地形信息、战场水文及气象信息、战场电磁环境信息以及其他信息。

目前,信息管理系统的结构主要有两种:一种是中心式信息管理结构,另一种是网格式信息管理结构。

中心式信息管理结构是一种传统的信息系统模式,是基于 Client/Server 或 Client/Cluster 架构,由一台中心计算机服务器负责信息的管理,各装备或作战单元配有信息采集终端或者终端服务器,这些终端可以对数据进行采集和实时更新。这种信息管理结构模式的优势主要在于安全性能好,终端只能对数据进行更新或者采集数据信息,不能对数据库进行操作,而且各种数据比较集中,在进行决策指挥时信息比较全面。但是随着装备信息化的发展,信息量越来越大,对计算能力和计算实时性要求不断增长,中心式信息管理结构难以适应要求。另外,计算孤岛的存在,使得资源的利用率非常低,系统运行缓慢,并且维护费用昂贵。除此之外,一旦中心计算机出现故障则整个系统就会陷入瘫痪,因此,可靠性不高。

网格式信息管理结构是基于网格计算和高速互联信息网络的一种新的高性能分布式信息管理处理系统,是装备信息管理系统正在发展的一个方向。它提供了一个自适应的软件基础架构,将高性能计算机、大型数据库、传感器和远程装备等融为一体,对计算资源进行大规模共享,从而满足海量存储和计算的要求。同时这种对计算资源进行大规模的共享是动态的、柔性的、安全的和协作式的,从而能够以低成本获得高性能和高可靠性。

在常规导弹力量装备保障指挥决策系统中,可以将这两种信息管理系统的结构有机结合起来。在作战单元内部,采用中心式信息管理结构,形成基础级信息管理系统,而作战单元之间以及作战单元与上一级指挥决策机构之间则采用网格式信息管理结构,从而形成多层多级式信息管理系统。

### 7.4.5 数据挖掘技术

数据挖掘过程一般由三个阶段组成:数据准备、数据挖掘和结果评价,如图7.4所示。在利用常规导弹力量装备保障指挥辅助决策模块之前首先要进行数据挖掘,挖掘装备保障指挥辅助决策模块建立辅助决策方案所需要的数据。另外,在可视化方面,也需要挖掘战场环境信息数据和装备信息数据,将其转化为可视化信息呈现给决策者[7]。

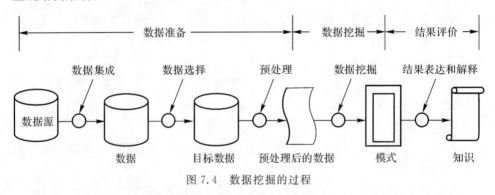

图 7.4 数据挖掘的过程

### 7.4.6 辅助决策信息可视化技术

辅助决策信息可视化技术是常规导弹力量装备保障指挥辅助决策系统可视化的基础,其本质是数据的可视化转换。数据可视化转换是要将利用数据挖掘技术获取的各种实时战场环境信息、装备信息转化为可视化信息(视频、图像等)呈现给决策者,并将利用装备保障指挥辅助决策模块制定的各种辅助决策方案以视频或动画的形式呈现在决策者面前。

通过数据转换将不可读或难读的数据转化为可视化信息,可使决策者更直观地了解战场环境的变化和装备的各种状态,为决策者选择、制定决策方案提供帮助。

## 本 章 小 结

常规导弹力量装备保障指挥决策的效率和水平直接关系到常规导弹力量作战效能以及战场生存力,因此,必须提高常规导弹力量的装备保障指挥科学化水平,而建立符合常规导弹力量实际的装备保障指挥辅助决策系统,以辅助决策者快速、准确地制定满足常规导弹力量作战要求的装备行动方案,已成为信息化条件下装备保障指挥的必要手段。本章主要从总体上对常规导弹力量装备保障指挥辅助决策系统进行了初步研究,分析了装备保障指挥辅助决策系统的功能,建立了装备保障指挥辅助系统的体系结构,并对装备保障指挥辅助决策系统的关键技术进行了描述,为常规导弹力量装备保障指挥辅助决策系统的实现打下基础。

## 参 考 文 献

[1] 孙宏,张志华.试论一体化联合作战装备指挥体系[J].装备指挥技术学院学报,2005,16(3):7-10.

[2] 张晓琴,于洪敏,田建章.基于Petri网的集团军装备指挥流程建模[J].科学技术与工程,2007,7(4):656-659.

[3] 张宣,陈云翔,朱荣昌.网格构建装备管理信息系统研究[J].计算机工程与设计,2006(12):2211-2212.

[4] 郝杰忠,杨建军,杨若鹏.装备技术保障运筹分析[M].北京:国防工业出版社,2006.

[5] 高绪勇,谢桂海,明亮.野战装备指挥保障综合系统的设计与实现[J].军械工程学院学报,2006,18(2):39-42.

[6] 喻鹏,于同敏.基于Net的武器装备管理信息系统[J].兵工自动比,2008,27(1):33-34.

[7] 黄淑琴.综合评价决策支持系统模型的研究与设计[D].合肥:合肥工业大学,2006.

# 第8章 常规导弹力量装备保障指挥辅助决策系统可视化建模技术

## 8.1 引　言

导弹力量装备保障指挥辅助决策系统涉及导弹力量装备保障所有层次和各方面,是一个集成化的系统,其建模过程是一项系统工程。本章在研究基于黑板模型、面向对象建模和面向 Agent 建模等建模方法的基础上,提出导弹力量装备保障指挥辅助决策系统可视化建模方法和过程,并建立其总体模型。

## 8.2 常规导弹力量装备保障指挥辅助决策系统可视化建模方法

### 8.2.1 基于黑板模型的建模方法

1. 黑板结构

黑板的概念最早于 1962 年由 A. Newwell 提出,其结构通常由 3 个主要部分组成,即黑板、监控机制和知识源。黑板模型基本结构如图 8.1 所示[1]。

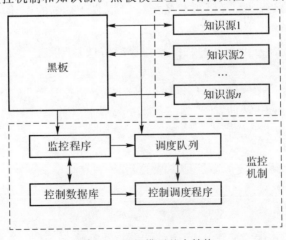

图 8.1　黑板模型基本结构

黑板是系统中的全局性工作区,用于记录由知识源产生的数据和知识源在问题求解过程中所产生的解数据。整个黑板以层次结构方式组织,每一层用于描述领域问题的某一类信息。各知识源之间的通信和交互只通过黑板进行,黑板是知识源之间对话的媒介。

知识源是应用领域求解问题所需要的知识。根据知识的不同,可划分成若干相互独立的知识源。知识源用其存储的特定知识改变黑板的内容,从而逐步导出问题的解。知识源是过程集或规则集。知识源都有自己的推理机。

监控机制是黑板模型求解问题的推理机构,它由监控程序、控制数据库、调度队列和控制调度程序组成。监控程序根据黑板的状态变化激活有关知识源,将动作部分可执行的知识源放入调度队列中。调度程序选择最合适的知识源来执行,用执行的结果修改黑板状态。

2. 多层黑板模型

多层黑板模型,即系统中黑板由一块控制求解进程的主控黑板和对应每个子目标、求解其相应参数的多块工作黑板组成,整个决策问题求解及各子目标求解的进程由控制程序来控制和协调[2]。多层黑板模型结构如图8.2所示。

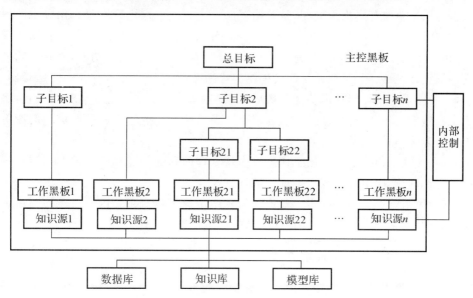

图8.2 多层黑板模型结构图

每层黑板均由若干块相对独立的黑板板区构成。下层板区是上层板区的实例或细化,上层板区是下层板区的抽象或综合。主控黑板中的每一个子目标对应一块工作黑板,工作黑板是该子目标属性权重、效用函数、置信度及各备选方案在其上的属性性能值、效用值和置信度等有关参数计算的工作区,是系统运行期间所产生的有关该子目标动态信息的存储区域。模型库存放各种模型化的专业应用模块模型。内部控制依赖于内部知识库,内部的知识库包括知识调度、模型调用、描述问题特征、控制推理策略、工作黑板触发条件、对主控黑板进行操作等元知识。内部控制调用内部知识,控制主控黑板的求解进程和确定工作黑板的调用次序,直至求出决策问题的解。每个模型都可以从数据库中提取数据,初始输出结果在经过专家或使用人员校验后,进行汇总,最后将求出的解和计算结果保存到数据库中。

黑板结构能记载问题求解过程中产生的状态信息和中间结果,实现知识源的调度,控制多知识源知识库的推理、管理以及知识源之间的通信和数据共享,在大容量知识处理方面呈现出独特的优势。黑板模型可用于系统集成,系统各模块之间可通过黑板机制间接的相互作用,实现各模块之间的协同工作和数据共享。同时,由于黑板通过黑板控制器动态地选择和激活适当的知识源,使系统可在最短的时间内获得最有希望的解,达到系统高实时性要求。

3. 基于黑板模型的建模过程

采用基于黑板模型的建模方法,具体建模过程如下:

(1)结构分析。根据系统的复杂程度和要解决问题的多少,决定是采用多层黑板模型还是单层基本黑板模型,是采用逐层递进式的黑板模型还是采用集中式黑板模型。

(2)功能分析。针对系统建模的特点,分析其应具备的总体功能,然后将功能逐步细化、逐层分解,形成系统的功能结构模型。

(3)黑板的设计。根据功能分析结果,将各功能按层次分配给各工作黑板,确定主控黑板和各工作黑板的功能,确定每个黑板所需要的知识源的组成和问题解决所需方法、知识表示等问题。

(4)推理机制确定。根据工作黑板内待处理问题的特点和其内部工作流程选择正向推理、逆向推理或双向推理等推理方式。

(5)黑板监控与调度确定。确定如何利用主控黑板对系统内所有工作黑板进行调度,并把它们组织起来,保证整个黑板模型正确、有效。

### 8.2.2 面向对象的建模方法

面向对象建模的核心是利用面向对象的概念和方法为系统构造模型,通过面向对象分析、面向对象设计和面向对象编程三个步骤来构造一个面向对象系统[3]。面向对象分析的任务是根据用户需求进行对象的识别、标识其属性、识别对象行为、识别对象所属的类及其结构和定义主题词等,同时将分析结果用模板格式、图形、表格及简洁的文字进行描述,形成需求模型。面向对象设计的任务是将分析阶段得到的抽象模型转换成易于实现的模型形式。面向对象编程的任务是将面向对象设计模型编码为计算机可接受的形式,即直接用支持面向对象方法的语言生成程序。

1. 面向对象模型的表示方法

面向对象建模方法中的模型表示方法有下面几种[4]：

(1) 类图。类图是从静态角度用类和它们之间的关系描述系统的一种图示。一个类由名称、属性和操作三部分组成。属性描述类的基本特征，即需要处理的数据。属性又分为公有的、私有的和保护的。公有的属性能够被系统中其他任何操作查看、使用、修改；私有属性仅在类内部可见，只有类内部的操作才能存取该属性，并且也不能被其子类使用，保护属性供类内部操作及子类使用。操作描述类具有的功能，即对数据的具体处理。操作分为基本操作和基于问题域特定功能需求的操作。类之间的联系称为类的关系，一般类之间有关联、继承、聚合、依赖和包五种关系。

1) 关联关系。两个类有一定的联系，同时它们之间是多对多的关系，这种关联的关系是单向的，并且有相关联的类，如图 8.3 所示。

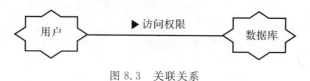

图 8.3 关联关系

关联的表示可采用导航、重数、顺序和角色等进行说明。关联关系可分为递归关联、限定关联、或关联和 N 元关联。递归关联指一个类与它本身有关联关系，是同类的对象之间语义上的连接，如图 8.4(a)所示；限定关联用于一对多或多对多的关联关系中，用限定词将关联中多的一端的具体对象分成对象集，用限定词把所有的对象分开，如图 8.4(b)所示；或关联用于表示一个类与多个类相关联，但它的实例对象只能与其他多个类的一个对象相关联，或关联就是对两个或更多关联附加的约束条件，使类中的对象一次只能应用于一个关联关系中，如图 8.4(c)所示；N 元关联表示三个以上的类之间有关联关系，如图 8.4(d)所示。

2) 继承关系。继承是通用元素和具体元素之间的一种分类关系，通用元素(父类)的所有信息(属性或方法)被另一个具体元素(子类)完全拥有，具体元素还可附加一些其他信息。继承可分为多重继承和不相交继承，或完全继承和非完全继承。多重继承是指子类可以同时继承多个父类，不相交继承则不允许，一般的继承都是不相交继承。完全继承是指父类的所有子类被穷举完毕，无一遗漏地列出，非完全继承恰好相反，父类的子类随着问题不断解决不断补充和完善。继承关系的表示如图 8.5 所示。

3) 聚合关系。如果类与类之间具有部分与整体之间的关联，则称之为聚合。聚合的表现方式有三种：第一种是用属性来表示，如图 8.6(a)所示；第二种是用在表示关联关系的直线末端加一个紧挨着整体类的空心小菱形,如图 8-6(b)所示;第三种是将部分中的对象作为整体类的成员对象,将部分类包含在整体类中,如图 8.6(c)所示。

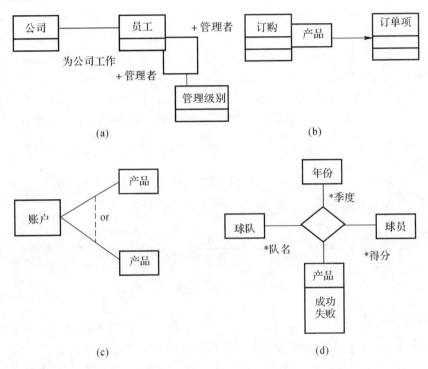

图 8.4 关联关系表示图
(a)递归关联; (b)限定关联; (c)或关联; (d)$N$ 元关联

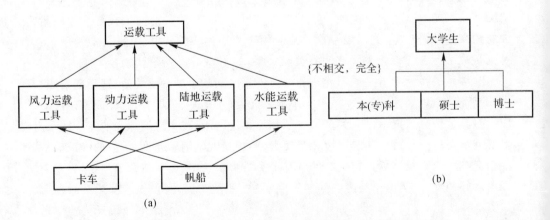

图 8.5 继承关系表示图
(a)多重继承; (b)完全继承

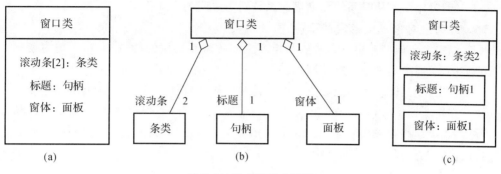

图 8.6 聚合关系表示图
(a)属性表示; (b)图形表示; (c)成员对象表示

4)依赖关系。描述的是两个模型元素(类、组合、实例等)之间的关系,其中一个模型是独立的,另一个模型元素是依赖于独立元素的。如果独立的模型元素发生改变,将会影响依赖该模型的元素。依赖关系可以是使用另一类的对象方法中的参数,也可以是一个类调用另一类作用域中的全局对象或方法,如图 8.7 所示。

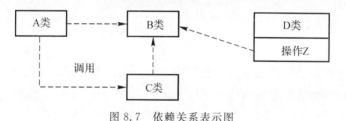

图 8.7 依赖关系表示图

5)包。包是一种组合机制,是把各种各样的模型元素通过内在的语义连在一起成为一个整体。包通常用于模型的组织管理,它拥有自己的模型元素,包的实例没有任何语义,仅在模型执行期间,包才有意义。包内关系可以有依赖关系、聚合关系、继承关系、访问和引入接口。

(2)交互图。交互图用于表示对象之间的交互关系。在一个系统的生命周期内,类的存在是稳定的,而对象则不断经历着一系列的变化,交互图用于表示对象之间的消息传递关系。

(3)状态图。状态是对象的生命周期中满足某种条件、执行某些行动或等待某些事件发生的一个阶段。状态图是对对象状态转移过程的可视化描述。

(4)活动图。活动是描述实体对象行为的一个控制或执行的流程。活动图既可用来描述操作的行为,也可以描述使用实例和对象内部的工作过程。活动有起始点和终点,一个活动可看作一系列相关活动及转移的集合,转移可以是顺序的,也可以是有条件的。同一个对象内的多个活动之间可以进行通信和同步。

(5)时序图。从时间的角度描述系统对象之间的交互作用。

2.面向对象建模的过程

面向对象模型是由许多对象及相互之间的联系构成的,而每一对象均为某类的实例化,即类是一组具有相同属性和操作的对象的抽象封装。一个类可以派生许多子类,子类能继承类及祖先类的属性和操作,但也可以有一些额外的属性和操作。在构造模型时,首先要找出需求空间中的对象,分析这些对象应具备的属性和行为,找出这些对象之间的相互关系和相互作用,最后生成一个面向对象的需求分析模型。其步骤如图8.8所示。

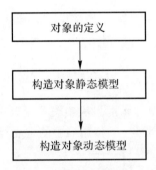

图8.8 面向对象建模的过程

(1)对象的定义。需求空间中的对象在对需求进行描述的语句中,常常有一些名词或名词短语,它们在需求中扮演一定的角色,是需求活动的主体。这些角色相互联系、相互作用,共同来完成需求所规定的功能。有一些角色,它们没有在需求描述语句中显式地给出,而是需要对需求进行分析和综合,进而构造出来。

(2)构造对象静态模型。对象静态模型描述系统对象的属性、操作,连接系统性质的所有可能的模式,其具体内容包括以下几方面:

1)对象的属性。对象的所有属性表示了对象的静态结构,具有相同属性的对象的集合就构成了类的概念,区分类中不同对象的唯一标识是对象关键属性的不同值。

2)对象的操作。在现实世界中,类中的对象在不断地变化,它的变化通过管理者的操作来实现,因此对对象施加的操作是对象的运作或者对象经受的变化。

3)对象之间的关系。对象之间的关联关系可用类图或对象图表示。

(3)构造对象动态模型。动态模型是找出对象之间的动态联系。对象动态模型是从另一个角度描述系统中对象的行为,它是对象静态模型的一种补充和完善,体现对象之间的相互作用。通常把对象之间相互作用的有序集合称为对象之间的动态联系。在面向对象技术中,对象之间的相互作用用消息传送来表示。对象动态模型可通过交互图、状态图和活动图等进行描述。

### 8.2.3 面向 Agent 的建模方法

1. Agent 的定义与结构

Agent 最初来源于分布式人工智能的研究,是指在一定的环境下独立自主运行,作用于自身所处的环境也受到环境的影响,并能不断地从环境中获取知识以提高自身能力,同时能将推理知识表示相结合的智能实体,具有自治性、反应性、自适应性、可通信性以及自学习性等特点[5]。在计算机领域,可认为 Agent 是一种在分布式系统或协作系统中能持续自主地发挥作用的计算实体。

虽然 Agent 的任务及问题域不同,但其基本框架是相同的,如图 8.9 所示。主体的内部状态主要由信念库、知识库、意图库等组成。信念库主要存储有关外部环境的事实信息和状态信息;知识库表示主体实现协作问题求解所必需的各种知识;意图库主要包含主体将要实现的目标之间的相互关系。

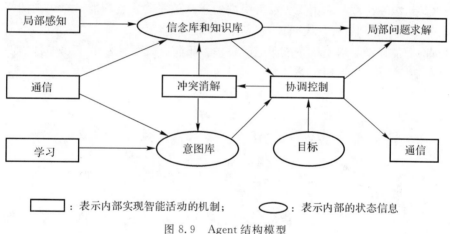

图 8.9　Agent 结构模型

局部感知指主体感知外部世界的能力。协调控制主要指根据所感知的信息选择求解目标,并对每一个待求解问题进行权衡,决定是自己求解还是与其他主体协作。对于无法完成的任务,要进行任务分解与分配,制定相应的协作求解计划,并控制计划的实施完成。协调控制过程不仅要考虑信念库中的当前信息,还要对知识库和意图库中的信息进行推理,保证各主体在制定决策或采取行动方面能协调一致。局部问题求解包括基于信念库和知识库进行的局部推理活动。

通信是主体了解其他主体的途径和实现相互作用的桥梁。通信的结构化模式包括对通信语言的语法、规则的定义以及规定通信产生的条件和通信方式。由于抽象化过程的不完备,各主体之间必然存在相异性和不确定性,因而在协作求解过程中难免产生冲突。冲突消解过程具有相应的机制,用于识别、管理可能引起冲突的各种因素以及消除由此而导致的矛盾。

对每一个主体而言,外部主体的意图状态是不断变化的。为保证联合行动的协调性,主体应具有一定的学习能力,能从通信和推理中获知有关外部主体的变化情况,并动态维护自己的意图库,保证协作顺利进行。

2. 多 Agent 系统和多 Agent 系统组织

多 Agent 系统(Multi-Agent System,MAS)定义为网络上的多个问题求解器松散耦合而成的大型复杂系统,这些问题求解器相互作用以解决由单一个体的能力和知识所不能处理的复杂问题。这些问题求解器通常称为主体,即 Agent,具有自适应性,并可以是不同的异质计算实体[6]。

正如人类解决复杂问题需要建立组织一样,多 Agent 系统也需要建立多主体组织。多主体系统的组织模型包括组织系统图、职能模型、协同工作过程模型、控制模型、组织管理模型、主体模型、相互作用模型和相识者模型。后面三个模型可由前面的模型得出。

(1)组织系统图。它用于表示组织内的职权关系和主要职能。组织图的垂直形态表示决策权和责任的关联体系,其水平形态则体现分工和协作关系。

(2)职能模型。对组织系统图中的每一个职能定义职能名称、任务描述、职责、基本技能集、功能集和安全条件集。

(3)协同工作过程模型。定义主要任务的工作模式、相关职能之间的协作关系和交互协议。

(4)控制模型。根据协同工作过程模型建立控制机制,设置定性或定量的标准。

(5)组织管理模型。确定所有主体的职责分配策略、主体实现策略、工作过程优化策略、协调控制策略和可靠性策略。

(6)主体模型。主体通过能被感知的事件,可以采取的行动,可能拥有的信念,可能采纳的目标及达到意图的计划得到完全实例化。主体模型给出了主体体系结构的运行特性,即确定根据事件和目标如何产生意图,意图如何引发行动并修正信念和目标,同时确保信念、目标和意图的合理运转。

(7)相互作用模型。相互作用模型用于准确说明 MAS 中协作主体之间的相互关系。用交互协议、交互约束条件和交互语言等来描述承担不同职能的主体之间的相互作用细节。

1)交互协议。交互协议指相互作用的主体之间实现对话的结构化模式。交互协议是根据主体之间的相互关系和协作任务而建立的。这一模式规定了主体之间实现相互作用的特定执行步骤,通常可以用一个有限状态自动机描述。图 8.10 为一个用有限状态自动机表示的客户协商对话协议。对话协议包括通信双方对所交换信息的各类约定,如对谈话内容中相关术语的共同定义等。通信的发起者需要选择对话协议,而通信的另一方需要识别对话的通信意图,确定与之相应的对话协议。通过协议，对话双方对交互过程进行管理，以确保通信内容在相互作用过程中正确地传送。

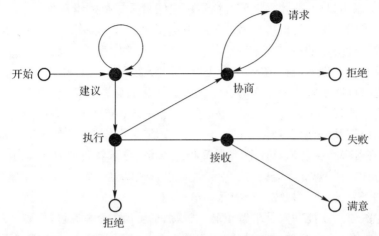

图 8.10  有限状态自动机标识的交互协议

2）交互约束条件。通信意图的产生是依据主体当前的信念、愿望和意图，并根据问题求解的协作方式和当前求解状态而确定的。有了通信意图的主体，就需要根据知识库中其他主体的信念模型确定通信对象和通信内容。因此，交互存在一定的约束条件，如在什么情况下进行交互、交互的时间限制等。

3）交互语言。交互语言是智能主体间传送信息和交换知识的媒介，通信双方共享语言的语法、语义和语用的定义。建立相互作用模型时需要说明主体通信所采用的语言，并对通信语言的语法、语义和语用做出明确的定义。

(8)相识者模型。相识者模型用于准确说明 MAS 中协作主体与其他主体之间的相互关系。

3.面向多 Agent 的建模过程

面向多 Agent 系统的建模的基本思想：首先，将多 Agent 看成一个组织，依据组织学原理分析多 Agent 系统组织特性，建立组织模型，从而严格地形成多 Agent 宏观结构和功能需求的规范；其次，根据现有技术和可用资源确定承担各类组织职能的多个主体，由此确定了各主体的职责和粒度；最后，设计各类主体的概念模型，为其在计算机上的实现建立可操作的开发模式。多 Agent 系统组织建模分为系统分析阶段和系统设计阶段[7]。

(1)系统分析阶段。系统分析阶段的主要目的是提供一个多 Agent 组织的概念集合和组织建模的基本方法，逐步精确、有条理地理解和模型化一个复杂系统。多 Agent 组织的概念集合包括组织结构、组织过程等。组织建模包括组织结构建模和组织过程建模，包含五项内容：组织系统图、职能模型、协同工作模型、控制模型和组织管理模型。系统组织模型建立过程如下：

1）确定层次组织中各级结构的目标。首先确定组织总体目标，然后进行层层分解，拟定派生目标，并建立表明各级目标之间关系的指标体系图。

2）明确为了实现目标所必需的各项业务活动或任务，并加以分类。细致分析实现各级目标所需的所有业务活动，同时，还要分析与业务活动相关的可用资源、设施以及利用它们的最佳途径，使业务活动的分类更科学、合理。

3）进行问题求解管理流程的总体设计。问题求解管理流程是指问题求解活动在相对稳定的程序中循环地流动，把这些流程按照标准格式和各种符号形象地标识出来，就是问题求解管理流程图。它是建立协调工作过程模型和控制模型的基础，对实现各级目标的所有业务活动都要建立其问题求解管理的流程图。

4）设计职能，建立职能模型。由各类职能形成基层组织，再由基层组织形成上一层管理子系统，直至构成系统的总体结构。

5）定义管理职能和问题求解职能。根据问题求解管理流程，拟定每一职能岗位的输入对象、输出对象、必需的技能与技能集。通过相应的功能集，管理者或问题求解者将输入的对象转换成输出对象，同时分析完成该职责的安全条件集。

6）建立协调工作过程模型和控制模型。有了问题求解管理流程图和职能模型，就已经确立了协同工作过程模型和控制模型的主要内容。这里主要是根据要求，详细说明协同工作模式、职能之间的协作关系、交互协议和控制机制等各项内容。协同工作过程的建立要经过业务活动分析、决策分析和关系分析三个步骤。控制模型可按照任务的输入、操作和输出来规定控制的内容、目标等。

7）建立完整的组织结构。通过职权关系和信息联系，把各层次、各部门连接成为一个有机整体，形成最终的组织系统图。

(2) 系统设计阶段。系统设计阶段的目的是具体地模型化多 Agent 组织中承担不同组织职能的每一单个主题，并使其易于在现有的程序设计语言环境中实现。在此阶段要建立主体模型、相互作用模型和相识者模型。

1）主体模型的建立。主体模型即主体的内部建模，其目的在于对系统中承担不同职能的各类主体进行更为详细的定义，以形成一个可直接实现的精确的主体模型。主要是基于系统分析阶段所获得的职能模型和组织管理模型来建立系统中各类主体的具体模型，多主体系统中的每一个主体都是主体模型中某一类主体的一个实例。一个主体可承担一种职能，也可承担多种职能。在分析阶段已建立了职能模型和概略的主体实现策略，并确定了主体的粒度。下面将根据这些结果进行建模。

每类主体可通过如下三个基本模型来实现主体建模：

a.信念模型。描述本类主体可能的环境信息、内部状态信息及其可能采取的行动。主体可能的信念及特性用一个信念集来描述。此外，还可以定义一个或多个信念状态,用于说明主体的初始心智状态。

b. 目标模型。描述主体能够响应的事件和可能采纳的目标。由一个目标集构成,用来说明目标、事件域和用于说明主体初始心智状态的一个或多个目标状态(即基本目标集合)。

c. 计划模型。描述主体用来实现其目标的各种计划。由一个计划集构成,用来描述每个计划的特性和控制结构。

2)相互作用模型的建立。在分析阶段,已通过协同工作过程模型、控制模型和组织管理模型等对职能之间的协作关系、控制关系等进行了描述,这里需要根据这些结果对承担不同职能的主体之间的相互作用细节进行更详细的设计。它是基于协同工作过程模型、控制模型和组织管理模型来建立的,主要说明主体之间的交互细节,如交互协议、交互约束条件和交互语言等。

3)相识者模型的建立。首先确立可能的所有相识者,然后根据协同工作过程模型、控制模型和组织管理模型中的职能之间的协作关系、控制关系等,对每一个相识者进行分析,最后还要说明运行期间如何维护相识者模型。

## 8.3 常规导弹力量装备保障指挥辅助决策系统可视化建模过程

虽然不同条件下的建模方法不同,但建模的全过程始终离不开了解现实系统、掌握真实情况、抓住主要因素、弄清变量关系、构造模型、求解模型、反馈使用效果并不断改进以向真实逼近[8]。从系统建设的角度,可将常规导弹力量装备保障指挥辅助决策系统可视化建模过程分为需求分析阶段、总体设计阶段、详细设计阶段和系统实现阶段四个阶段,每个阶段又细分为若干步骤,把一个复杂的系统的建模分解为一些较小的步骤,具体如图 8.11 所示。

### 8.3.1 需求分析阶段

需求分析阶段是根据军事需求分析结果,对系统进行总体设计。常规导弹力量装备保障指挥辅助决策系统可视化需求分析具体包括以下几方面:

(1)管理保障需求分析。管理指挥人员在机关工作人员、研制人员的配合下,综合考虑导弹部队作战任务、保障对象、作战样式、作战环境以及物资经济基础、人员素质等因素,对系统提出一系列的初始需求。

(2)保障任务分析。根据管理保障需求,从装备管理保障过程角度,按层次、管理业务确定装备管理保障过程中要完成的各项任务,根据作战区域、作战目的、作战样式、参战力量等确定装备管理保障任务,管理保障方式和方法、主要管理保障行动等。

(3)系统需求分析。系统需求分析包括对系统安全与保密、系统可靠性和系统研制要求等方面的要求进行分析。

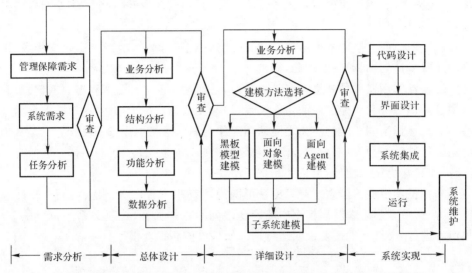

图 8.11　常规导弹力量装备保障指挥辅助决策系统可视化建模过程示意图

### 8.3.2　总体设计阶段

总体设计阶段是从层次上宏观地概括、抽象系统和子系统的功能、结构和数据信息。

(1)业务分析。对装备管理有关业务部门的业务处理流程进行调查,并进行归纳和分析,为建立系统、子系统的功能模型、数据模型打下基础。主要工作是画出各装备管理保障业务部门现行的业务流程图,分析其中的信息流和物流,确立合理、科学的业务流程。

(2)结构分析。认真分析系统信息交互过程,采用集中式、分布式等方式构建系统总体结构模型。再进一步将系统划分为子系统(模块),子系统再划分为子系统,层层划分,得出系统的详细结构模型。

(3)功能分析。明确要完成的管理保障任务和功能要求,通过分析这些功能与现行业务流程的关系,在逐层分析系统的基础上,画出系统各层的数据处理流程图,分析并确定整个系统应具备的基本功能和任务功能。系统基本功能一般是各个业务领域都需要的系统功能,各子系统业务功能则围绕着装备管理保障各业务领域进行划分。

(4)数据分析。数据分析的任务主要是确定数据的长度、代码、类型和密级,明确数据项之间的关系、数据的来源和处理权限等,并描述各类数据存储的方式和访问方式,建立整个系统的数据存储模型和数据访问模型。

### 8.3.3 详细设计阶段

详细设计阶段是对总体设计阶段的不断细化,将抽象的模型转换为易于实现的模块化模型,构成系统内各子系统(模块)模型。

(1)业务分析。根据系统所在的层次对系统要完成的功能进行处理流程分析,描述出子系统(模块)具体的业务处理流程图。

(2)建模方法选择。根据业务流程的特点和功能特点,选择合适的建模方法(基于黑板模型建模方法、面向对象建模方法或面向 Agent 建模方法)进行子系统(模块)的模型设计。

(3)子系统建模。针对分系统内所需的输入数据和产生的输出数据类型,按相应建模方法的建模步骤进行建模描述。

### 8.3.4 系统实现阶段

系统实现阶段是将详细设计阶段细化后的模块化、程序化,用现有的程序设计思想和工具实现模型,最后集成为一个系统整体。

(1)代码设计。选择某种程序设计语言实现分系统(模块)模型,将详细设计阶段建立的模型转换为可自动执行的程序代码。

(2)用户界面设计。根据子系统(模块)间的信息传递关系,确定子系统(模块)的使用界面和模块间的调用界面。

(3)系统集成。系统集成主要包括子系统硬件和软件的集成、数据和信息的集成、技术和管理的集成。装备可视化管理与辅助决策系统是一个复杂的多领域、多层次、跨部门的大型系统工程,必须运用系统工程的观点,才能实现系统一体化过程,发挥最大效能。

综上所述,该方法以系统功能为主线,体现了自顶向下、逐层求精的原则,采用先全局后局部、先总体后细节、先抽象后具体的过程。

## 8.4 常规导弹力量装备保障指挥辅助决策系统可视化模型

常规导弹力量装备保障指挥辅助决策系统可视化是一个复杂的系统,对这样一个复杂系统仅采用一种建模方法不能完全反映各子系统的特点。本节重点在提出系统总体模型的基础上,建立系统的总体设计阶段的总体模型、结构模型、辅助决策模型、数据模型和数据访问模型等。

### 8.4.1 系统总体模型

根据系统特点,从功能角度建立装备可视化管理与辅助决策总体模型,如图 8.12 所示。该模型主要由用户界面、主控黑板、各管理专业黑板、各管理专业模型和信息资源库等组成。

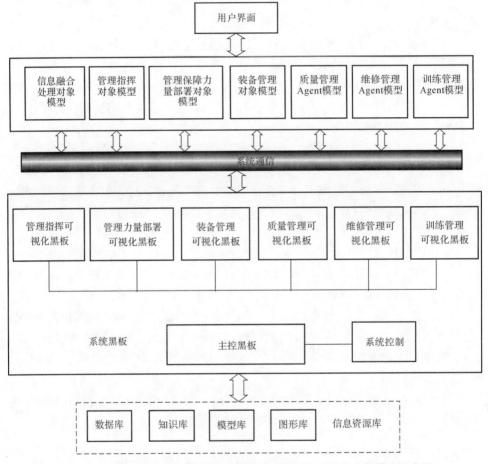

图 8.12 常规导弹力量装备保障指挥辅助决策系统可视化总体模型示意图

用户界面是系统与用户交互的接口,它的功能包括接收用户的信息、提供用户对系统状态的查询以及任务处理结果的输出等。

信息资源库包含系统中的一些基础数据库、问题求解的模型库和知识库、信息显示的图形库等。

各管理专业模型是管理任务的最终处理单元,包括信息融合处理对象模型、管理指挥对象模型、管理保障力量部署对象模型、装备管理对象模型、质量管理

Agent模型、维修管理Agent模型和训练管理Agent模型等。

用户和主控黑板之间、各管理专业模型和用户之间进行信息和功能的交互都通过主控黑板和各专业黑板进行信息交换。整个系统通过主控黑板和各管理专业黑板进行任务的分配和信息共享,主控黑板中一个管理任务功能对应一块专业黑板,主控黑板是装备管理任务求解时所需数据信息和求解结果的主要存储体,专业黑板是主控黑板与各管理专业模型进行交互和信息共享的空间,也是系统运行期间所产生的有关该子任务动态信息的存储区域。

常规导弹力量装备保障指挥辅助决策系统可视化总体模型的处理过程是由信息融合处理对象模型将外部采集到的装备管理信息进行融合,得到综合的装备管理情况,不断对信息资源中的数据库进行更新,并通过系统通信将管理任务传递给系统的主控黑板,主控黑板通过管理指挥黑板与管理指挥对象模型进行交互,将管理任务细分为各保障子任务,再由主控黑板将子任务分配到各专业黑板,各专业模型根据各级黑板上的任务分别完成计划的任务,再将处理的结果写回各专业黑板,主控黑板将把各个管理专业黑板的求解结果装配成装备管理任务的解,通过用户界面将系统处理结果呈现给用户。在控制装备管理任务的处理过程中,用户通过用户界面与主控黑板进行交互。系统控制负责进行任务调度,选择合适的黑板执行任务。

信息融合处理对象模型的功能是将传递到装备可视化管理与辅助决策系统的各类装备管理信息进行处理、融合,更新装备管理的信息资源,并将管理保障需求转换为保障任务,提交系统解决。它输入的是各种类型的装备管理原始数据信息,输出的是融合处理后综合管理保障情况和管理任务。

管理指挥对象模型的功能是对装备管理保障过程中的活动进行协同和监控。它输入的是上级管理保障任务和指示,输出的是装备管理保障决心和保障计划。

管理保障力量部署对象模型的功能是根据作战任务和保障任务,辅助指挥员进行保障力量部署。它输入的是作战任务、保障对象信息、现有管理保障人员和装备情况,输出的是本级装备管理保障力量的部署图和文档。

装备管理对象模型的功能是对装备管理全过程管理的监控。它输入的是导弹装备性能参数、数量、质量、分布等,输出的是武器、器材维护保养情况的收集、汇总等。

质量管理Agent模型的功能是在导弹装备使用与维修阶段,对质量方面实施指挥和控制组织协调活动[8]。它输入的是装备配套的保障资源、质量管理规章制度、人员培训情况和质量档案,输出的是装备的战技术性能及配套保障情况。

维修管理Agent模型的功能是对为保持和恢复武器装备的良好技术性能而采取的各种技术措施及相关保障活动的可视化。它输入的是维修保障任务和本级现有维修能力(包括人员、器材情况),输出的是装备战损预计情况、维修保障计划、维修力量分布和战损装备的处理计划等。

训练管理 Agent 模型的功能是完成有关装备训练方面的信息处理和监控,主要包括对训练内容、方法、人员、物质、保障和信息等进行的决策、计划、组织、指导、协调与控制等活动。它输入的是装备训练内容、装备训练方法、训练计划和训练评估指标体系等,输出的是装备训练需求、训练质量等。

### 8.4.2 系统结构模型

采用分布式结构建立常规导弹装备保障指挥辅助决策系统可视化结构模型,如图 8.13 所示。

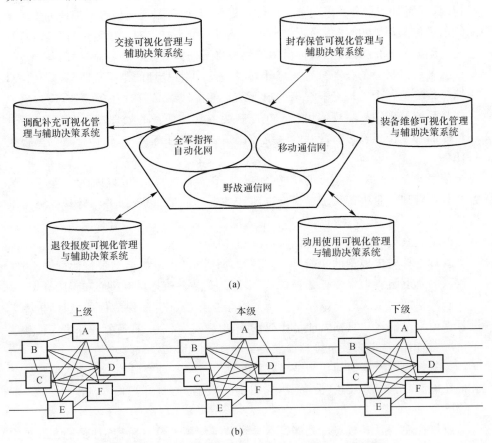

图 8.13 常规导弹装备保障指挥辅助决策系统可视化结构模型
(a)装备保障辅助决策系统可视化结构示意图; (b)六个功能子系统层次关系示意图

在系统结构中,利用通信网络分系统把本级系统的调配补充(A)、交接(B)、封存保管(C)、使用(D)、修配(E)、报废(F)、视化管理与辅助决策子系统交叉连接、横向成网,构成本级系统功能单元结构。各子功能系统不仅要完成其本身特定的职能,而且要互相交互,共同完成本级装备管理决策任务。

各级系统采用分布式结构,通过网络将本地的多个服务器和用户终端连接成一个功能上分布、资源上共享的本级系统;通过网络并运用远程数据访问等技术,使本级系统和各级系统在物理和功能上高度分布。通信分系统采用有线、无线多种传输手段和方式,确保各功能子系统能够互连、互通,共享信息,共享资源,有效地进行装备管理保障。

### 8.4.3 系统辅助决策模型

本系统的辅助决策采用的是一个三部件结构,包括数据库子系统、模型库子系统和用户对话子系统,其组成如图 8.14 所示。

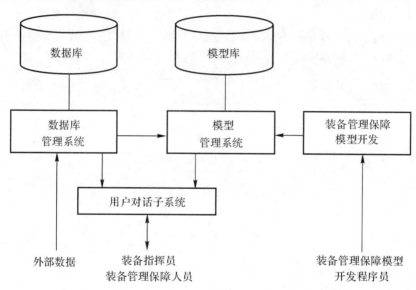

图 8.14 系统辅助决策模型

数据库子系统是导弹装备管理保障辅助决策的基础,由数据库和数据库管理系统组成。数据库包含任何已存在的相关数据库,包括专门为决策系统建立的数据库和装备管理保障其他数据库,甚至还包含作战、政工和后勤的相关数据库。

模型库子系统由模型库及负责模型生成、操作及维护的模型库管理系统组成。导弹力量装备保障辅助决策系统模型库包含各种模型构件与子程序,进行装备物资调配决策、装备技术保障决策都能在其中找到相关模型和子程序。

用户对话子系统是系统人机交互的接口。用户对话子系统提供"行动语言"供用户对数据和模型进行存取和操作,并通过"结果表述语言"将求解得出的结果用易于理解的方式(如文字、图形或报表)告诉用户。

### 8.4.4 系统数据模型和数据访问模型

可视化技术的加入,使装备可视化管理与辅助决策系统处理的数据类型扩展到声音、图像和视频等多媒体数据类型。

(1)传统数据模型。数据模型是对客观事物及其联系的数据描述,是指数据在数据库中的排列、组织所遵循的规则,以及数据库所能进行操作的总和。它是由数据库数据结构、数据库操作集合和完整性规则集合组成。数据模型可分为三类:层次数据模型、网络数据模型和关系数据模型。

层次数据模型按照树形结构组织数据,将实体映射为一个有序树或森林。树中的每一个节点是一个记录类型,并与客观实体对应。树中的分枝表示父、子节点间的一对多的关系。图 8.15 就是一个层次数据模型。

网络数据模型按网络结构组织,数据之间紧密联系,呈现出一种网络关系,如图 8.16 所示。网络数据模型是层次数据模型的扩展,但与层次数据模型中只有一对多的关系不同,网络数据模型中,从子节点到父节点的联系并不唯一。

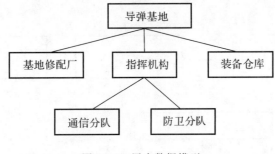

图 8.15 层次数据模型

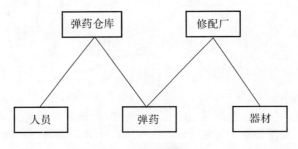

图 8.16 网络数据模型

关系数据模型是采用数学方法建立的模型,它的数学基础是关系代数。在关系数据模型中采用二维表方式表示关系,表的每一行代表一条记录或相关事实的集合。表中的列称为属性或字段,列中的数据属于同一数据类型。关系数据模型中基本的数据操作包括选择、投影和连接。选择是根据条件对表中的行记录进行筛选得到的关系;投影是对表中的列进行筛选,仅选取部分或全部列形成的关系;连接是对两张或多张表中的列进行重新组合得到的关系。在关系数据模型中,关系的规范化具有重要的作用。通过规范化可以消除数据库模式中的冗余以及可能存在的操作异常,保持数据库稳定、简洁、灵活,并能适用于多个应用。

(2)图像数据模型。图像可以用物理层和逻辑层表示,在物理层用像素表示,在逻辑层用图像属性表示。图像的属性包括元属性、逻辑属性、物理属性和语义属性等;元属性是从图像外部导出的不依赖于其内容的图像属性,如图像的大小;逻辑属性包括用于描述一个集成实体图像性质属性的图像逻辑属性和用于描述图像中对象集合性质属性的图像对象逻辑属性;物理属性是图像客观存在的视觉能够区分的性质,如纹理等;语义属性用于描述图像所表明的高层领域概念的属性,如主题等。基于图像内容的数据模型如图 8.17 所示[9]。

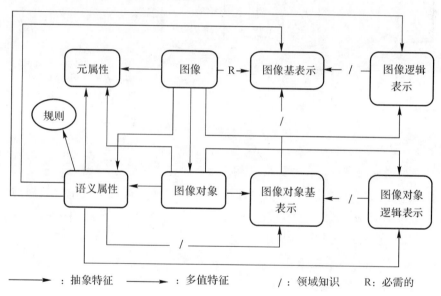

图 8.17　图像数据模型

(3)视频数据模型。视频媒体数据层次化结构模型如图 8.18 所示[10],它将视频分为三级,最高级为故事单元,中间级为镜头,最低一级是帧,上面两个级别需要进行的处理如场景检测、镜头分割等。分割镜头可以采用模型驱动方法或数据驱动方法。最低一级是基于视频帧的,对最低一级的描述可以采用图像描述方法。

(4)音频数据模型。音频数据模型采用音频的低层特征来表现音频低层内容。对音频特征的提取有两种方法:提取听觉感知特征(如音调、响度等)和非感知特征或物理特性(如对数频谱系数、线性预测系数等)。不同的特征表达音频的不同方面,音频特征提取可采用短时时域处理技术、短时频域处理技术和同态处理技术。

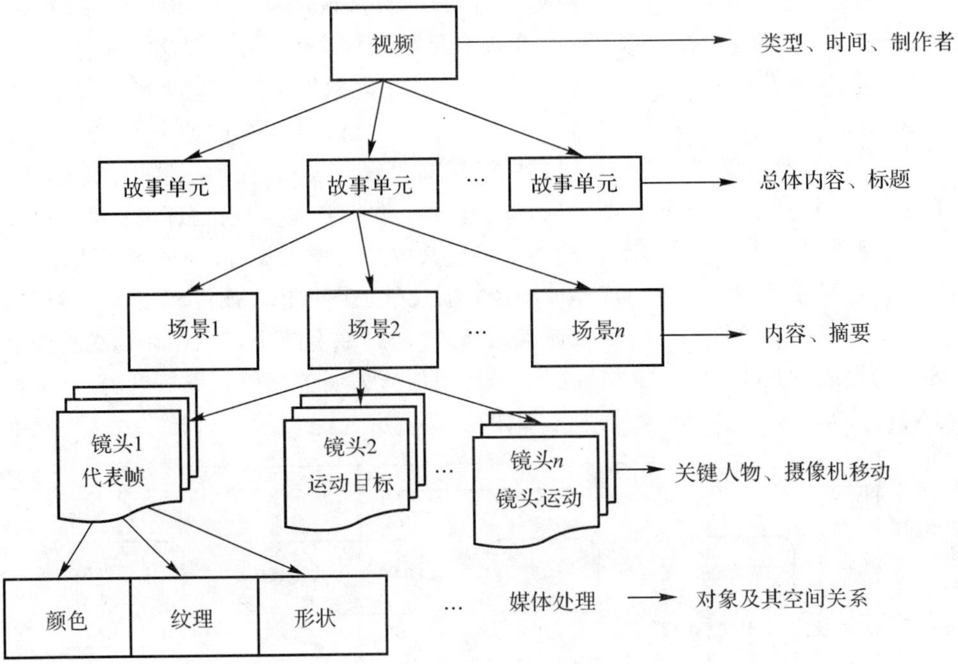

图 8.18　视频数据结构模型

(5)数据访问模型。在数据按以上的数据模型存储后,需要建立方便的数据访问机制才能充分实现数据的共享,因此建立装备保障可视化系统中的数据访问模型,如图 8.19 所示。

数据访问模型的运行过程:用户通过浏览器提出对常规导弹力量装备保障指挥辅助决策系统可视化的查询请求,查询请求先经过信息安全通道,完成用户的身份识别、访问权限的控制和数据的加解密工作。用户的请求发送到 Web 服务器,Web 服务器的应用程序接收到请求后,将有关的数据请求转发到相应的应用服务器,同时 Web 服务器也接收从应用服务器返回的查询请求结果。应用服务器将转发来的数据请求经过数据访问接口,验证数据所在的数据源。由于数据类型的不同,数据请求要经过数据转换接口形成对于不同数据源的请求,最后从分布在不同环境中的数据源按请求进行查询数据的存取,查询到的结果同样要经过数据转换接口转成相应的数据形式,从数据访问接口返回发送数据请求的应用数据服务器,不同应用服务器返回数据查询结果在 Web 服务器中进行综合,通过信息安全通道提交给浏览器,以不同的可视化方式显示给用户。

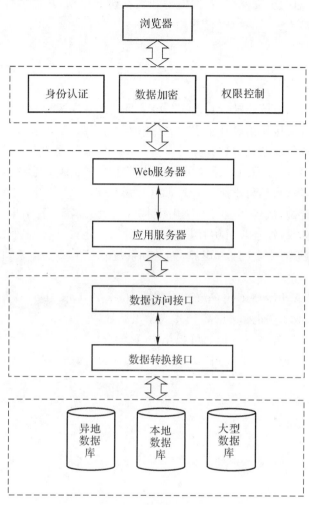

图 8.19 系统数据访问模型

# 本 章 小 结

本章运用系统集成的思想,从顶层设计的角度对常规导弹力量装备保障指挥辅助决策系统及系统内部对象之间的相互关系进行描述,提出常规导弹力量装备保障指挥辅助决策系统可视化的层次体系结构、功能体系结构和技术体系结构,搭建了系统实现的软硬件平台。深入研究黑板模型建模、面向对象建模和面向 Agent 建模等建模方法,总结归纳出常规导弹力量装备保障指挥辅助决策系统可视化建模的一般过程和步骤,并综合运用三种建模方法建立了系统总体功能模型、系统结构模型、辅助决策模型、数据模型和数据访问模型,从而形成了完善的系统可视化建模框架。

## 参 考 文 献

[1] 张维明.信息系统建模[M].成都:电子科技大学出版社,2002.
[2] 肖卫东.智能协作信息技术[M].成都:电子科技大学出版社,2002.
[3] 胡晓峰.战争复杂系统建模与仿真[M].北京:国防大学出版社,2005.
[4] 郭荷清,梁剑坤.面向对象及可视化技术在用户界面设计的应用[J].华南理工大学学报(自然科学版),1997,25(5):82-87.
[5] 陈振宇,曹婉.战场环境与可视化技术[M].北京:军事科学出版社,2006.
[6] 何江华,郭果敢.计算机仿真与军事应用[M].北京:国防工业出版社,2006.
[7] 韦有双,杨湘龙,王飞.虚拟现实与系统仿真[M].北京:国防工业出版社,2004.
[8] EDWAR A. Interactive Computer Graphics:A Top-Down Approach Using OpenGL[M]. 3rd ed.北京:清华大学出版社,2006.
[9] 简小征.某导弹飞行过程的可视化仿真研究[D].西安:西北工业大学,2004.
[10] 李颖.OpenGL技术应用实例精粹[M].北京:国防工业出版社,2001.

# 第3篇 导弹力量作战中的后勤保障指挥决策方法

# 第 9 章　常规导弹力量后勤保障指挥决策环境分析

## 9.1　引　　言

环境是事物发展的基本起点,环境的状况决定了事物发展的趋势。为了厘清联合作战中常规导弹力量后勤保障指挥决策的复杂情况,决策时要考虑所有相关影响因素,可以按性质将环境分为外部环境和内部环境。外部环境和内部环境是一个相对的概念,其实质是把后勤保障决策的环境作为一个系统,在系统外部影响后勤保障决策发展趋势的主要因素称为外部环境;在系统内部并对后勤保障决策产生直接相关的因素视为内部环境。显然,在进行后勤保障指挥决策活动时,不仅涉及保障决策系统的内部环境,而且也涉及决策系统的外部环境。

## 9.2　联合作战中常规导弹力量后勤保障指挥决策的内部环境分析

内部环境可以说是后勤保障决策产生的起因,属于主观意志的体现,是后勤保障决策发生的根源。根据后勤保障是为部队作战服务的根本原则,可以将作战任务、保障任务和保障特点、保障指挥体制作为内部环境进行研究分析[1]。

### 9.2.1　联合作战中常规导弹力量的作战任务

联合作战的本质就是发挥各参战军种的联合优势,合力制敌。常规导弹力量参加联合作战时,除遵循本身的作战原则外,还要在联合指挥机构的统一领导下及其指挥机关的统一计划组织下,依据联合作战的总企图承担相应的任务,并满足联合作战的需要,以达到各军兵种优势互补,战场空间的相互呼应,作战行动的相互配合,作战时间的相互衔接以及火力的相互利用的整体作战。常规导弹力量在联合作战中协同其他军种战役力量作战的主要任务有以下几点:

(1)联合作战中实施震慑作用。未来联合战役中常规导弹力量将是我军对战争进程和结局都将产生重要影响的火力突击力量。面对强敌使用军事力量所进行的武力,常规导弹力量应以实力为后盾,用常规导弹密切协同海、空军力量,建立火力慑阻区,在一定程度上破坏其军事干预的作战体系,慑止其军事干预的战略企图,减轻我方的军事压力,以确保联合战役行动的顺利实施。

(2)联合作战中发挥精确攻击的作用。联合战役发起时,常规导弹力量应实施先期火力打击,最大限度地压制敌方防空与空战力量,为其他作战力量创造有利战机;在战役处于相持阶段或攻防转换的关键时节,协同海、空力量对作战体系的关键节点,实施火力"点穴",令敌方作战指挥体系瘫痪,推动战役进程向有利于我方的方向发展;在战役的最后阶段,与其他作战力量密切配合,对敌方军事基地和战争潜力目标,实施综合火力打击,削弱敌方战争支持能力,彻底瓦解敌方战争意志,确保我方夺取战役全胜[2]。

(3)联合作战中实施重点打击作用。在联合作战中,常规导弹作战力量应依据联合作战的主要方向,根据主要的作战任务,选择有利战机,围绕战役重心,集中优势火力,选择重要目标,实施重点打击。

### 9.2.2 联合作战中常规导弹力量后勤保障任务

联合作战中常规导弹力量后勤保障任务是常规导弹力量后勤系统为满足联合作战中常规导弹力量作战需求,在常规导弹作战集团的统一指挥和联合战役后勤指挥部的统一计划下,在上级后勤和地方后勤动员力量的支援下,依托战略后勤和战区联勤,综合运用人力、物力、财力和技术手段,保障常规导弹力量联合作战行动的顺利实施。其主要任务包括财务保障、物资油料保障、军交运输保障、卫勤保障、后勤装备技术保障和基建营房保障[3]。

(1)财务保障。常规导弹力量参加的联合作战破坏性大,人力、物力和财力消耗巨大,必然引起经费需求的急剧增长,从而使战时财务保障任务更加艰巨。财务保障必须根据作战任务、作战节奏等要素确定经费需求,做出快速反应,实施快速保障,保障作战对经费的需求。要根据作战任务、战役决心、投入兵力、使用强度、装备现状和各项保障设施的配套程度,以及自然环境和地理条件等,制定好常规导弹力量应急作战经费保障预案,合理分配经费,重点保障常规导弹力量装备维修、技术保障设施配套、筹措急需的各种作战物资器材的经费。战前,各项经费应按建制后勤财务系统实施供应。战时,财务部门要组织精干力量,参加各级后勤指挥机构,具体负责战时各项财务保障事宜,根据上级指示制定或修改战时财务保障方案,根据前方要求组织实施有效的经费保障。

(2)物资油料保障。联合作战中常规导弹力量物资油料保障,是常规导弹力量作战、生活物资油料的筹措、储备、补充和管理的统称,是后勤保障的重要组成部分。常规导弹力量遂行作战任务,物资油料保障的主要工作是组织好物资油料的储备、供应和管理,尤其是专用物资(油料、装备器材、给养等),应迅速组织抢运,保障作战力量能持续作战或迅速恢复作战能力。后勤保障为了适应机动作战的特点,应采取多种方式实施保障,既能够实施跨区域联合作战伴随保障,又能够实施基本阵地联合作战时的保障,既能够随时跟进实施多点保障,也能够依靠整体力量,立体联动,进行越级保障,为此应加强保障力量的保障能力,适应各种战场环境的能力,组织协调能力和自身的防卫能力,满足作战的需求。

(3)军交运输保障。联合作战中常规导弹力量作战将是高技术条件下的联合作战,战争爆发突然,地区不固定,情况瞬息万变,因此作战力量的作战地区、进入交战的地域不固定,而且将处于频繁的变化之中,作战力量的快速机动将依赖于及时有效的交通运输保障。其主要任务是,综合使用各种运力,保障作战力量快速机动、物资装备运输以及伤病员和待修装备的后送运输,协同维护交通运输线路、设施和交通秩序,快速组织运输保障。常规导弹作战力量的后勤保障机构要快速预计运输任务和运力变化,立足于以本级运力完成铁路、公路运输保障任务,本级运力不足时,可申请上级支援,也可根据上级指示,征用地方运力支援作战力量运输。各级后勤在计划使用运力时,要充分利用回空车辆和尽可能组织直达运输,提高运输保障效率,迅速组织交通勤务。各级后勤要主动协调,积极配合有关部门,迅速组织道路勘察、沿途戒备、调整哨设置、现场指挥、装卸载、沿途军供站的联系、铁路管理部门协调以及油料加注、司乘人员食宿等勤务,保证常规导弹作战力量运输保障的快速进行。

(4)卫勤保障。联合作战中常规导弹力量所参加的作战行动,立体火力杀伤大,战伤减员突发性强,总减员率将大大提高,医疗救治和后送任务十分繁重。同时,药材消耗量大,卫勤保障关系复杂,为此,应通过强有力的组织来科学高效地实施卫勤保障,以提高卫勤综合保障能力。组织战役编成内和地方动员的各种卫勤力量,实施伤病员的救护与后送、卫生防疫与防护。为加强常规导弹力量卫勤力量,增强其独立救治能力,常规导弹力量应急医院要靠前部署,通过战前抽调组织野战机动医疗队,根据作战任务,部署于常规导弹力量战役与战术后方区之间的地带,以适时对常规导弹作战力量实施支援保障,增强其独立救治能力。常规导弹力量在作战中,本级的卫勤力量一般难以完成本级救治任务,上级应该对下级逐级加强适当的卫勤力量。野战救护所应加强卫勤人员配备,组织好阵地的紧急救护和抢救生命的治疗,逐级或越级后送伤员,及时伴随作战分队实施机动卫勤保障。

(5)后勤装备技术保障。联合作战中常规导弹力量后勤装备技术保障的主要任务是,根据常规导弹力量后勤装备技术修理力量及修理手段,制定后勤装备技术保障计划;合理编组后勤装备修理力量,建立与战区和地方有关修理机构的后送修理关系;组织实施后勤装备的战地抢修、后送修理以及修理配件的筹措与供应;组织后勤装备的补充。各级后勤装备技术保障机构要根据保障任务、战场环境等因素,快速预计出后勤装备修理任务,编组和合理区分各类修理机构的任务。战时组织后勤装备保障的重点是战地抢修,因此常规导弹力量后勤装备技术保障力量要前伸部署,开设野战后勤装备修理点,对受损后勤装备以换件修理为主的方式进行定点抢修。对受损的重点装备和不便后送的装备,野战后勤装备修理机构应及时派出技术力量,实施战场巡回修理和现地抢修。

(6)基建营房保障。联合作战中常规导弹力量作战具有战役规模有限、作战行动可控、战法灵活、后勤支援一体等特点。基建营房保障主要任务是组织战区范围内的战场设施应急建设和工程勤务保障,野战工程抢建和抢修,筹措、储备、供应野营装备物资器材,为常规导弹作战力量提供野营条件,保障常规导弹作战力量的水、电等补给。实施及时有效的基建营房保障是导弹武器装备技术性能得以充分发挥、常规导弹作战力量战斗力得以提高,以达成作战目的的重要物质基础。常规导弹力量基建营房保障所采取的主要方法是机动保障与伴随保障相结合,随常规导弹力量的作战行动同步开展,及时开辟应急作战阵地,抢修毁损战场设施。常规导弹力量基建营房保障所依靠的主要手段是配发的野营装备,随常规导弹作战力量携行实施自行保障,不足部分,由联勤或地方支援后勤组织实施补充。

### 9.2.3 联合作战中常规导弹力量后勤保障特点

(1)后勤保障必须适应常规导弹力量先机制敌、重点打击的作战原则,具备快速反应能力。先机制敌,重点打击,是常规导弹力量作战指导的重要原则。贯彻这一原则,就是要通过快速机动,快速部署,抢占先机,先敌而动,出敌不意,攻敌不备,最大限度地发挥常规导弹力量机动性强、反应速度快的优势,来达成战役的突然性。常言道,兵马未动,粮草先行。在联合战役中,常规导弹力量后勤保障要依托战区联勤和战略后方,对作战力量跨战区机动、战役展开及突击作战行动实施快速有效的保障。无论哪种作战样式,后勤保障都要始终保持与作战力量同步反应、一体联动,力求在动中求快、在快中应变,使保障得到快速聚合和释放。

(2)后勤保障必须适应集群编组多向展开的作战部署,具备快速反应支援保障能力。集群作战是常规导弹力量作战运用的突出方式。一方面,为有效摧毁、致瘫、压制敌方作战体系,常规导弹力量往往采取多波次、多批次集群火力突击的战法,包括对敌方要害目标实施高强度、大密度的饱和攻击。另一方面,为适应集群作战的要求,常规导弹作战集团通常呈宽正面、大纵深、多点位、非线性的战役布势,这将明显加大后勤保障的强度和难度。因此,常规导弹力量的后勤保障必须具备多方向、大纵深快速反应支援保障能力。面对集群作战的高消耗和点多、面宽的战役布势,必须有效地组织后勤快速反应保障力量,对多个方向作战力量实施保障。常规导弹力量参与的军事威慑行动实践证明,后勤保障快速反应对于增强常规导弹力量的后勤保障能力具有重要作用。

(3)后勤保障必须适应全程使用、全程支援的作战要求,具备持续一体化保障能力。常规导弹力量在未来联合作战中,既要担负开路先锋,又要对其他军兵种的作战行动实施全程支援。在威慑行动中,要围绕示形造势,综合运用兵力火力,灵活施压;在联合火力打击中,要围绕综合瘫毁,先期重压,持续增压;在封锁作战中,要围绕慑打并举,控制节奏,持续封控;在登陆作战中,要围绕整体运用,先期突击,临机支援。无论哪种作战样式,都要求后勤保障必须具备持续保障能力。后勤保障机构在制订保障计划时,必须考虑作战的全程保障和战役持续时间,既要关注当前保障行动,又要考虑到后续保障需要。要合理使用后勤物资,充分发挥战备储备物资的保障作用,并视战役进程,搞好调整、补充和筹措,确保常规导弹作战力量在任何时候都能得到有效的保障。

(4)后勤保障必须适应常规导弹力量广泛机动、频繁转换的作战特点,具备机动伴随一体化保障能力。机动是达成战役有利态势的主要手段,而机动作战是常规导弹力量的主要作战样式。常规导弹力量为完成作战部署,通常采取铁路输送和公路运输两种方式,从基本部署区向预定作战区域实施战役机动。部队到达预定作战区域后,为了有效组织火力,提高生存防护能力,还要实施频繁的战术机动,在机动中捕捉战机,及时实施火力突击。这就要求后勤保障做到常规导弹作战力量机动到哪里,后勤保障力量就伴随到哪里。在战役机动时,后勤保障力量在做好常规导弹作战力量输送途中保障的同时,还要组织好自身的机动。在常规导弹作战力量实施战术机动时,后勤保障指挥机构要按照作战要求,对后勤保障力量进行编组,实时跟进,伴随行动,使一线作战分队能够在快速机动中得到及时有力的保障[4]。

### 9.2.4　联合作战中常规导弹力量后勤指挥体制

指挥体制,也可称为决策体制。常规导弹力量后勤指挥体制的确立,应以保证高质量、高效率的后勤指挥为前提,既要与其作战指挥体制相一致,又要与联合战役后勤指挥体制相适应。联合作战中常规导弹力量后勤指挥体制应包括战略后勤指挥机构、联合战役后勤指挥机构、常规导弹作战集团后勤指挥机构和常规导弹作战单元后勤指挥机构等要素[5]。

## 9.3　联合作战中常规导弹力量后勤保障指挥决策的外部环境分析

外部环境是指敌我双方所处的战场环境,它是影响后勤保障指挥决策的重要因素,属于客观因素。外部环境主要包括自然条件和敌情威胁。

### 9.3.1　自然条件

在联合作战中,自然地理环境对后勤保障行动的影响主要有以下几方面:
(1)地形条件。联合作战中常规导弹力量作战地域的分布范围相当广泛,整个地形以低山丘陵和冲积平原为主,且谷深坡陡,重峦叠嶂,道路崎岖,地形复杂,植被繁茂,大多常年青绿,较大的山区多为林木茂密、乔灌丛生,整体交通情况十分不便。因此,这一方面有利于后勤保障力量和保障行动的隐蔽,便于提高后勤保障力量的生存防卫能力;另一方面却不利于后勤保障力量的机动、展开、及时补给、后送等各项保障行动的实施,尤其是遭敌袭击后,一旦造成山体塌方及道路、桥梁被毁等情况,将会使后勤保障陷入更加困难的境地。此外,作战区的众多江河、湖泊、水库也会给后勤保障力量的机动能力带来一定影响。

(2)气候特征。首先,潮湿多雨是部分作战区最显著的气候特征。多雨多水使空气湿度变大,尤其每年6月和7月的梅雨季节,阴雨连绵,极少晴天,且常有大雨、暴雨,雨量特别丰沛,相对湿度大,日照时间短。其次,部分作战区存在高温天气,有些地区甚至有40℃以上高温天气,物资、器材极易发霉生锈。多雨和高温天气一方面加重了后勤保障任务,另一方面也不利于物资、器材的储备,使后勤保障难度进一步加大。

另外,部分作战区每年12月至翌年2月出现寒潮较多,并伴随大风天气,每当此时,常狂风暴雨交作,物毁路淹,交通受阻,供电中断,加之部分作战区雾天时间较长,尤其高山地区常年被云雾笼罩,冬季能见度普遍较低,这不仅给常规导弹力量作战行动带来不便,也给后勤保障造成许多困难。

(3)战场交通网。战场交通网是指战场范围内各种交通线所构成的交通网路,包括既有的和新建的交通线,是战场准备的重要内容。战场交通网对联合作战中常规导弹力量的后勤保障具有重要影响[6]。

### 9.3.2 敌情威胁

联合作战中常规导弹力量后勤保障所面临的敌情威胁主要包括以下几方面:

(1)敌方高技术侦察能力。联合作战中常规导弹力量将面临全方位、全天候、全时空、高精度的战场监视与侦察,我方战场目标的透明度明显增大,这不仅使常规导弹力量的作战行动企图易于暴露,而且也使后勤保障力量的生存和后勤保障活动面临严重威胁。

(2)敌方远程攻击能力。敌方对我方进行远程攻击的能力主要来自作战飞机和战役战术导弹。其作战飞机所携带的多种空地导弹和精确制导炸弹,对我方常规导弹力量具有较强的攻击摧毁能力。在导弹武器方面,其所拥有的各种射程的地地战术弹道导弹和部分海基巡航导弹,均可对我方常规导弹力量实施有效地攻击,而且其常规导弹攻击能力还在迅速得到增强。因此,敌方远程攻击能力对我方常规导弹后勤保障力量的生存构成了很大威胁,使我方常规导弹力量后勤保障行动的实施面临严峻挑战。

(3)敌方电磁反制能力。敌方所拥有的各种电子战装备,包括电子战飞机、电子战舰船等,其上所搭载的通信干扰机、雷达干扰机等各种舰载、机载电子对抗系统,战时可对我常规导弹力量实施电子干扰和电磁破坏。常规导弹力量一旦遭敌方电磁干扰破坏,便有可能造成指挥系统失灵,指挥信息中断,使后勤保障指挥员无法及时了解和掌握当前保障态势,从而导致后勤保障活动各自为阵、失去控制和协调,常规导弹力量的整体保障能力将被严重削弱。

## 本 章 小 结

掌握联合作战中常规导弹力量后勤保障决策内部环境,是认识后勤保障决策问题和确立后勤保障决策目标的最根本途径,是实现联合作战中常规导弹力量后勤保障方案的动力和源泉;熟悉常规导弹力量后勤保障决策的外部环境,是了解联合作战中常规导弹力量后勤保障决策方案如何生成的重要一环,对于深刻认识制约后勤保障决策的相关因素有着重要的意义,同时,这也是研究联合作战中常规导弹力量后勤保障决策规律的逻辑起点。

## 参 考 文 献

[1] 汪江淮,卢利华.联合战役作战指挥[M].北京:国防大学出版社,1999.
[2] 陈东祥.台湾高技术武器装备发展及作战能力研究[M].北京:国防大学出版社,2004.
[3] 王进发.中国军事后勤变革[M].北京:国防大学出版社,2005.
[4] 黄文寿.当代外军后勤研究[M].北京:金盾出版社,2000.
[5] 杨金华.作战指挥概论[M].北京:国防大学出版社,1995.
[6] 王卓.现代美军后勤[M].北京:国防大学出版社,1995.

# 第10章 常规导弹后勤保障指挥决策过程分析

## 10.1 引　　言

决策理论著名的代表人物——美国的西蒙认为,一项决策的制定过程大体上可分为下列三大阶段[1]:

(1)确定问题所在,提出决策的目标。
(2)发现、探索和拟定各种可能的备选方案。
(3)从各种备选方案中选出最合适的方案。

西蒙把这三个阶段分别称为参谋活动、设计活动和选择活动,这三个基本阶段是完整的决策制定过程。

联合作战中常规导弹力量后勤保障指挥决策活动具有其自身的特点。根据西蒙的科学决策程序,在经过深入的分析之后,将联合作战中常规导弹力量后勤保障指挥决策过程分为六个步骤,即领会任务(确定问题)、明确决策目标、判断决策条件、拟制决策方案、做出决策抉择和反馈跟踪。

## 10.2　后勤保障决策问题分析

受领任务是联合作战中常规导弹力量后勤保障决策程序的第一步,同时也是确立决策问题的出发点。后勤保障指挥员即决策者从受领任务开始,一方面要深刻领会上级意图和保障指示,掌握全局态势;另一方面要准确把握自身的保障条件,分析保障任务。详细地讲,是要准确了解联合作战的目的、常规导弹力量在联合作战中的作用、作战编成、主要作战方向和作战重点,以及上级后勤部署、主要作战物资储备标准和消耗限额规定、各专业勤务保障和交通运输组织原则和要求,掌握后勤保障关系、后勤力量的加强、地方动员力量的使用、本级后勤实力、可采取的后勤保障手段等情况,从而为明确决策问题和目标提供先决条件。决策问题的产生可依照保障实施前、保障实施中、保障实施后的顺序进行分析。

(1)保障实施前的问题。对将要发生或即将进行的后勤保障中所产生的任务量、物资需求、风险等一系列问题进行预测和推算,使决策者做到心中有数。

(2)保障实施中的问题。在保障实施中面临的问题比较多,如①多种保障方案的筛选;②保障物资的配备和分配;③保障道路的选择和优化;④敌情威胁量化分析;⑤保障力量的运用和分配;⑥中转物资站(仓库)地址的选择;⑦伤员的救治和回送等一系列问题。面对这些后勤保障中出现的决策问题,如何拟制方案和进行抉择,决策者必须确定具体的方法去解决。

(3)保障实施后的问题。某项保障任务或工作完成后,对其进行综合分析,用数学方法量化评估,总结效果,在以后实施保障过程中克服错误方法和不当之处,从而达到整体提高保障能力和保障质量的目的。

## 10.3 后勤保障决策目标的确定

确定联合作战中常规导弹力量后勤保障决策目标,就是要把保障目的精确化。没有明确的目的,就无法评价行动的优劣。目的意味着所要达到的最终状态,必须把目的的内容、达到程度、达到期限都加以明确地规定,使之能够与实际达到的最终状态进行对比。后勤保障决策的具体目标有以下几方面:

(1)及时响应的目标。为导弹作战力量提供适时、适地、适量的后勤保障,这是导弹部队后勤保障决策目标的最重要的一条原则,因为它强调的是后勤工作的效力,无效的后勤保障将导致战争的失败。确保充足的后勤资源,以便及时响应作战需要是后勤决策的焦点所在。

(2)简单便捷的目标。为处于准备、计划与执行阶段的后勤保障行动确立决策目标,应以简化后勤保障任务,提高后勤保障能力为出发点,确立过程中要避免不必要的复杂性,后勤保障决策人员要随时了解可供使用的后勤能力,分清需要保障的优先次序,并根据当前掌握的准确数据制定保障决策目标。

(3)灵活机动的目标。后勤保障决策要能够适应复杂多变的情况。军事行动具有很强的动态性,战场情况瞬息万变且不可避免。因此,后勤保障决策必须灵活机动,以适应复杂多变的各种任务和战争需要。为实现灵活机动的后勤保障,后勤决策的制定要预先准备,针对预期作战需求提供灵活机动的后勤保障决策。

(4)经济高效的目标。后勤资源的高效运用,需要后勤保障决策人员决定何种资源必须及时供应?何种资源应作为后备储存?另外,决策人员还要在各种保障需求发生冲突时,正确分配有限的后勤资源。面对有限的部队物资与输送能力,决定后勤决策可行性的一个关键要素,就是要分清各种保障需求的轻重缓急,为其确定优先次序。通过合理决策,避免耗费更多的物资,从而达到节约大量人力、财力、物力的目的。

## 10.4　后勤保障决策影响因素分析

联合作战中常规导弹力量后勤保障决策因素分析,是针对影响决策效率和决策质量的相关部分的认知活动。影响因素分析应从整个战场系统考虑,采取综合分析、建模模拟、智能支持等手段,完全认知与决策相关的各种约束条件,从而使联合作战中常规导弹力量后勤决策者拟定出保障有力、方案完备、措施得当的保障决策成为可能。影响决策的因素很多,这里仅对一些有代表性的决策影响因素进行探讨。

(1)决策与信息。从根本上说,决策活动其实就是根据任务信息和战场情况信息,来制定行动(指令)信息的信息过程,只有充分掌握的各种战场信息,决策者才能正确把握战争态势,做出正确决策[2]。恩格斯说过:"意志自由只是借助于对事物的认识来做出决定的那一种能力。"信息系统是后勤保障中的基本组成部分,所有的作战力量都像网络中心上的一个环节,彼此紧密联系互通信息,而正是在这一网络体系中,后勤保障决策才得以顺利实施。通过信息系统可以实时传达战场上敌我双方正在发生什么,任务要求做什么,以及任务和企图能否满足常规导弹力量作战中对后勤保障的需求的信息,这一切为后勤保障人员提供了一种观看、掌握、预测、建模分析及平衡现有资源的能力,从而可以满足后勤保障要求,创造出前所未有的保障能力。可以说后勤决策者需要的是适时、适地获取详尽适当的实用信息(决策可用信息),从而为正确的决策提供依据。

(2)决策与决策者。后勤保障决策活动是后勤指挥员和指挥机关一系列思维活动和行为活动的总和,作为这一活动的主体——指挥员和指挥机关人员的素质,是确定正确决策的基础[3]。虽然,决策应按严格的科学程序进行,但是决策者素养的高低仍是决策成败的关键。决策者是决策活动的主体,决策者的个人行为特征和群体成员相互影响所产生的群体行为,对决策具有重要的影响。毛泽东同志曾经说过:"武器是战争的重要因素,但不是决定因素,决定的因素是人而不是物。"这段话深刻揭示了战争中人的因素的地位和作用,同时也说明了决策活动中人员本身素质的重要性。进入信息化战争后,决策自动化系统逐步应用于战场,代替了人的某些功能,然而,它并没有改变决策过程中人员素质的基础性作用。因为使用决策自动化系统的人员素质的高低,将直接影响决策自动化系统效能的发挥,进而影响决策的正确性和时效性。

(3)决策与环境。关于决策环境已在第9章进行了详细介绍,此处不再赘述。

## 10.5　后勤保障决策方案拟制

拟制方案是指选择实现目标的途径和制定实现目标的措施。拟制方案通常是在联合作战中常规导弹力量后勤指挥主官或业务部门首长主持下,由战勤参谋人员与其他有关业务人员共同实施[4]。拟制方案时,可以利用数学方法和计算机对方案的基本条件进行优化(如对物资消耗的预测、最短路选择的优化),从而为后勤决策人员提供参考依据。经对备选方案的条件对比选择,从中选出最符合实际的方案,加以修改完善,最终确定最优或最佳方案。拟制方案是后勤参谋人员再创造的过程,是辅助后勤决策者确定决策的关键一环。因此,必须遵循以下原则:

(1)创新的原则。联合作战中情况复杂、变化急剧,许多重要的后勤保障决策问题属于新情况、新问题的范畴,无先例可供模仿,后勤保障指挥员和参谋人员只有充分发挥自己的想象力和创造力,勇于创新,才能制定出合理的方案。

(2)充分考虑约束条件的原则。由于作战本身即受到多种战场约束条件的限制,所以,在拟定后勤保障决策方案时,必须充分考虑各种约束条件,把握住上级和本级合成军队指挥员、后勤指挥员的意图,适应本级后勤和战场实际情况。

(3)注重时效的原则。所拟制的方案要适应完成任务的时限,必须在后勤指挥员要求的时间之前完成。在规定时间内完成的方案,才能适应后勤指挥活动的要求,才能使后勤指挥员及时进行决策。过时的方案即使再正确、再完美,也只能是一纸空文,没有任何实际意义。

(4)多方案准备的原则。拟制后勤指挥决策方案必须从最困难、最复杂的情况出发,必须考虑多种可能的情况,充分认识到联合作战中战场形势瞬息万变的特点,进行多方案准备。备选方案通常应当在三个以上,而且各种方案之间必须具有原则性的区别,以利于后勤指挥决策者评估选优,同时也利于对后勤保障活动中出现的突发情况进行灵活处置。

## 10.6　后勤保障决策方案抉择

做出抉择是决策过程中最为关键的一环,也是后勤保障决策者和决策机构能力与决策艺术的集中体现。做出抉择的全过程是对备选方案进行分析评估,比较选优,之后再做出决断。在对备选方案分析评估时,后勤保障决策人员应把握以下几条标准[5]:

(1)保证实现决策目标。

(2)在保证实现决策目标的前提下,付出的代价要尽可能小。决策目标的风险性要尽可能小。

(3)方案实施后对后勤指挥活动产生的副作用要尽可能小。

分析评估的指标主要是各个方案符合后勤保障目标要求的程度、后勤保障效益和风险度的大小、与战场后勤保障要求及其可能的变化相适应的程度等。

对方案进行选优的方法一般有以下几种[6]：

(1)经验判断法，即将决策方案进行归类排队，按优选标准进行选优。

(2)数学模型法，即根据各方案的数学模型，求得各模型的解，使各种方案的利弊得以科学地表达，然后加以比较，最后择优选取方案。

(3)模拟试验法，包括典型试验、实验室试验和电子计算机模拟等。通过模拟、试验进行比较，选出满意的方案。

在经过一系列评估选优的过程之后，就需要后勤保障决策者对备选方案进行最后的决断。此时需要考虑的主要是时效性、效益、利弊条件和危害性这四方面。所谓时效性，是指所选择的方案是否能在规定时间运作并达成预定目的；所谓效益，是指所选择的方案能否确保以较小的代价换取较大的保障成果，能否最大限度地满足作战行动的需要；所谓利弊条件，是指所选择方案可行性的大小，以及需要付出多大代价才能创造出施行的条件；所谓危害性，是指所选择方案的风险度、损耗比是否超出了上级允许和本级后勤所能承受的范围。这四方面不是孤立的，必须进行综合的分析与评估，"两利相衡取其重，两害相权取其轻"。如此，后勤保障决策者就可以根据标准，选出最满意的后勤保障决策方案。

## 10.7 后勤保障决策反馈跟踪

因为后勤保障活动是一个动态的过程，所以决策过程也是一个动态的过程，决策者在每个保障层次中都是处于相对动态的位置。实践和决策是相互影响，相互反馈，彼此作用，循环往复，螺旋式发展的。实践给决策者再认识事物的条件，通过再认识，修正决策的不足，提出新的决策。这正是人的实践—认识—再实践的往复和深入过程，在后勤保障活动中不断通过修订决策的不足，提高保障能力。

## 本 章 小 结

本章介绍的决策过程是为了给决策者处理后勤保障问题提供一条清晰的思路，即不论遇到什么问题，首先要确定目标，接着应采用科学的理论和方法，系统地分析客观条件，提出各种备选方案，然后从中选择出作为行动纲领的最佳方案。懂得一个合理的决策过程应该经过哪些阶段，分几步走，能够使决策者对问题的处理更加条理化，减少随意性和盲目性。但是，决策者在决策过程中，也不能把这些步骤看作死板的公式，因为过分地强调按步骤去做往往会影响决策效率。因此，既要掌握决策的基本原则,又要灵活运用,把原则性和灵活性有机地结合起来,才能使决策既正确、又高效。

## 参 考 文 献

[1] 黄孟藩.现代决策学[M].杭州:浙江教育出版社,1998.
[2] 杨铁见.信息在现代战争中对后勤保障的影响[J].情报杂志,2006(5):189-190.
[3] 王太鑫.联合作战一体化后勤保障体系研究[D].北京:国防大学,2001.
[4] 中国人民解放军总后勤部.军队后勤运筹学[M].北京:解放军出版社,1986.
[5] 西蒙.管理行为:管理组织决策过程的研究[M].北京:经济出版社,1988.
[6] 张礼军.后勤信息化研究[M].北京:海潮出版社,2005.

# 第11章 常规导弹力量后勤保障指挥决策的一般方法

## 11.1 引　　言

"方法"一词可将其概括为"人们为达到某种目的所遵循的途径、程序和采取的手段、工具的总和"[1]。决策方法在后勤保障中的应用是一个知识面很宽、实践性较强的研究领域,这一研究领域的任务在于根据后勤保障的需要,有效解决"如何保障""怎样保障好"的问题。常规导弹力量由于作战方式与其他作战力量的不同,所以其后勤保障既有着和其他作战力量后勤保障相同的共性,但同时又有区别的特性,为此,针对常规导弹力量后勤保障的特点和任务,结合决策的基本方法,探讨适合于联合作战中常规导弹力量后勤保障的决策方法。

## 11.2 联合作战中常规导弹力量后勤保障决策方法分类

严格地说,决策方法仅限于直接帮助决策者拟制和选择行动方案的方法和手段,依照现代决策科学中对辅助决策的分类,将联合作战中常规导弹力量后勤保障决策问题分为结构性问题、非结构性问题和半结构性问题。

结构性问题指的是在后勤保障决策中决策问题有明确的目标,一是目标可以定量描述;二是对决策有影响的因素能明确描述;三是有明确的处理原则。显而易见,结构性问题易于用计算机进行处理。

非结构性问题与结构性问题恰恰相反。如果在决策的情报阶段,不能定义、识别问题的条件;在决策的设计阶段,不能确定解决问题的方法;在决策的选择阶段,不能明确规定选择的准则,那么,这个决策问题就完全是非结构性的。非结构性问题是以前没有出现过或者问题的精确性质和结构难以捉摸,因而它只能依靠决策人员的经验和判断。

大多数问题介于结构性和非结构性问题之间,即所谓半结构性问题,这类问题一部分是不可详细说明的,在条件、方法、准则之中,有一种或两种要靠决策者的判断,另一部分则是可以量化的[2]。

联合作战中常规导弹力量后勤保障决策的具体方法虽然很多,但根据处理决策问题的结构性程度,概括起来辅助决策方法主要有定性分析法、定量分析法和定性定量综合集成法。

**1. 定性分析法**

定性分析法,又称专家分析法,就是借助后勤保障领域的专家对一些难以量化的问题进行科学分析和经验判断,从而为决策提供支持的方法。如今由于科技的发展和计算机的广泛运用,运用人工智能技术模仿人类的智能替代专家已经成为趋势,人工智能其实质是通过一组智能的计算机程序模拟专家系统,来求解通常依靠专家经验才能解决的问题。这些技术适用于辅助非结构性问题的决策。

**2. 定量分析法**

定量分析法也就是传统的运筹学方法,这种方法适用于结构性的决策问题,采用运筹学的一些方法能给决策问题一定意义上的最佳解。例如,技术层次的决策问题(人员布置、物资调配等)和一些量化决策的问题,常使用这种辅助决策方法。

**3. 定性定量综合集成法**

定性定量综合集成法是可以帮助决策者根据自己的判断和偏好,从多个备选方案中选择一个优先方案的一套概念和形式逻辑方法。定性和定量综合集成法的实质是先把各种复杂的问题进行分解处理,然后把各部分综合为一个全面的模型进行决策。当问题的复杂性增加时,决策者依靠自己的判断和偏好简略处理一切有关信息的能力显著减弱,在这种情况下,判断分析作为帮助决策者制定含有重要主观因素的复杂决策的一种方法论就具有明显的优越性了。判断分析方法要求决策者对每一备选方案的各个可能结果的似然性及自己对每个结果的偏好程度做出判断,这就把决策者的经验和智慧容纳在形式化的逻辑分析之中。这种模型结构是以分析人员与决策人员交互、定性和定量相结合的方式辅助决策的有力工具,特别适用于半结构性的决策问题。

## 11.3 联合作战中常规导弹力量后勤保障定性决策法

后勤保障定性决策方法,亦称"软方法"。对于联合作战中常规导弹力量后勤保障决策而言,定性决策方法就是后勤保障决策系统运用科学决策的思维方式和现代军事指挥学、后勤指挥学、后勤决策学等相关理论,根据个人的实践经验和对战场形势、首长意图、作战力量的保障需求等情况的判断,对后勤保障活动中出现的问题进行分析研究,进而做出决策的方法。它是其他决策方法的有益补充,并且有时发挥着其他决策方法不可替代的作用。常用的定性决策方法有专家预测法、德尔斐法(调查咨询法)和主观概率法等。

### 11.3.1 专家决策法

1. 基本思想

专家决策法就是组织各领域的专家,运用专业的经验,根据决策对象的环境,通过直观归纳,对决策对象的过去、现在的状况及变化发展的过程进行综合地分析和研究,找出决策对象运动、变化和发展规律,从而做出科学的决策。这里所说的"专家",可以是一个人或一组人,前者称为单个专家决策法,后者称为专家会议决策法。

专家会议决策法的突出优点在于:与会专家用各自的经验和知识来思考同一个问题,这样就会获得从不同角度所描绘的关于未来的图景,而这种各抒己见的交流形式,会充分发挥每位专家的创造性思维,最终得出结论。因此,专家会议决策法又可称为头脑风暴法。该法的优点在于:鼓励创新、集思广益,与会专家可以互相质疑,各自观点又可以互相启发,从而弥补单个专家决策的缺陷,通过这种形式联系起来的专家组的决策能力往往高于单个专家的决策能力。

2. 专家决策法在后勤保障决策中的应用

专家决策法是军事领域经常采用的决策方法,古代称之为"庙算",现代军事中称之为军事会议。未来战争中,当上级下达保障命令或出现重大后勤决策问题时,可通过召开会议的形式把一定数量的专家组织起来,共同针对范围内的问题,敞开思想,畅所欲言问题未来的发展趋势和状况,拿出解决方案,从而达到决策的目的。

### 11.3.2 德尔斐法

1. 基本思想

德尔斐法有如下三个特点:

(1)匿名性。被函调咨询的专家彼此不直接面对面讨论和对话,一般不受制于领导、权威或大多数人的意见,从而达到各抒己见的目的。

(2)反馈性。在反复整理归纳被函调咨询的各位专家的意见过程中,各种意见相互启迪、碰撞、补充,从而升华出新的可行性设想。

(3)统计性。即对每一轮的函调咨询作处理,根据中位数和上下四分点的原则取舍,使得预测结果趋于一致。

德尔斐法的一般程序:

第一轮:制定调查表,准备必要的背景资料。根据预测的目的,制定具体、明确、便于答复的调查表。可称之为预测事件一览表。

第二轮:将综合归纳好的预测事件一览表发给各专家小组成员,要求其对表中所列的各个预测事件做出评论,对事件可能发生的时间提出预测,并相应地给出评价及预测依据。

决策者根据返回的调查表，统计出每一个事件发生的预测日期的中位数和上下四分点，并整理出最早和最晚预测的时间相应理由的综合材料，并将此结果再返回给专家小组的成员。

通过以上反复函调咨询，专家的意见一般相当独立，通过汇总得到答案。这种方法的优点在于专家小组的成员可毫无顾忌地各抒己见，同时又能将好的意见集中起来。

2. 德尔斐法在后勤保障决策中的应用

有些后勤保障问题涉及面比较广，问题比较尖锐，领导在场或专家面对面均不利于集中意见、畅所欲言，难以达到集思广益的目的。这时，可采用函调咨询，也就是分别向每个专家分配与他们各自专业知识有关的一系列问题，各自独立地对事件提出处理意见，然后将他们的意见综合归纳起来，并匿名反馈给有关专家再次征求意见，然后再度重复上述过程，如此反复几次，最终得出专家们比较一致的意见。

### 11.3.3 主观概率法

主观概率法是决策者依据自己以往的经验和知识对问题可能发生的概率，做出主观上的判断，并以此为依据，对预测事件进行决策的方法。

1. 基本思想

决策者要对所做的决策负责，因此，应当根据自己对未来事件的偏向和期望做出适当的估计，当需要某一方面的知识时，决策者可以选派专家来估计某项特别事件出现的概率。

主观概率法是人们对某一次经验的特定结果所持的个人信念的量度，用各种数值表明本人对事件发生的有利或不利的可能性的估计，主观概率法必须符合概率的基本公理，即

$$0 \leqslant P \leqslant 1 \tag{11.1}$$

例如，需预测某一个事件发生的可能性，可以让一组专家对这一个事件分别进行主观预测，得出主观概率，然后求出所有主观概率的平均值，就是该事件发生的主观预测概率，即

$$P = \frac{\sum_{i=1}^{N} P_i}{N} \tag{11.2}$$

式中，$P$ 为事件发生的预测概率的平均值；$P_i$ 为每一个专家的主观预测概率；$i=1,2,\cdots,N$；$N$ 为专家人数。

此处预测概率平均值 $P$ 表示该事件发生的主观预测概率。

2. 主观概率法在后勤保障决策中的应用

下面以一个示例说明该方法的应用。

前方部队急需一批物资油料,但由于敌方对于我方供给线路封锁得很严,何时进行保障成为专家要解决的问题,现将白天和夜晚实施保障确定为两种方案,根据战场实际状况,将夜晚和白天两种保障方案成功性分别定为事件 A 与事件 B,专家针对两种情况,结合经验和科学依据,给出预测的成功概率。

利用专家预测法,征询 7 名专家对事件 A 与事件 B 的发生,以主观概率的形式分别提出自己的预测数据,见表 11.1。

其中事件 A 发生的主观预测概率为 0.723,事件 B 发生的主观预测概率为 0.3。

**表 11.1 预测成功概率统计表**

| 事件 | 事件发生预测成功概率(7 名专家) | | | | | | | 预测概率平均值 $P$ |
|---|---|---|---|---|---|---|---|---|
| | $P_1$ | $P_2$ | $P_3$ | $P_4$ | $P_5$ | $P_6$ | $P_7$ | |
| A | 0.80 | 0.75 | 0.63 | 0.66 | 0.60 | 0.85 | 0.77 | 0.723 |
| B | 0.30 | 0.41 | 0.24 | 0.38 | 0.50 | 0.16 | 0.11 | 0.3 |

## 11.4 联合作战中常规导弹力量后勤保障定量决策法

定量决策方法,亦指决策的"硬技术",是建立在传统运筹学上的决策方法。在联合作战中常规导弹力量后勤保障活动中,由于高技术战争战场物资、装备消耗和损坏的数量极为惊人,对数量准确性的要求越来越高,其决策目标易于进行数量计算,易于用数学方法评估最优方案,所以定量决策法对联合作战中常规导弹力量后勤保障决策的影响尤显重要。定量决策方法的优点是方案优劣界限清楚,易于比较和评价,最优方案有科学的依据,易于后勤指挥人员确定正确决策;其缺点是比较机械,弹性较小。

### 11.4.1 数学规划

数学规划是研究决策变量在满足给定的约束条件下应如何取值从而使得某一(或某些)选定目标函数值达到最优的方法总称。单目标情形下最优的意义是指目标函数值达到最大或最小,而在多目标情形下最优的意义则是指目标函数值达到满意程度,通常只能获得非劣解。数学规划根据不同目标函数和给定的约束条件,分为线性规划、目标规划、非线性规划、整数规划和动态规划等。

1.基本思想[3]

(1)线性规划。

1)线性规划的基本概念。线性规划是数学规划理论中比较成熟和应用最广泛最基本的一个分支。它的主要特点是目标函数和描述约束条件的数学方程是线性的,因而结构简单,求解的方法较容易。在这里,线性是指后勤保障活动中对各种资源的消耗量与后勤方供给量属线性关系;所谓规划,就是合理安排各种资源的使用,使之达到最佳消耗和供给结构。因此,线性规划决策的数学意义就是指在满足由一定的线性方程组(或线性不等式组)所构成的约束条件下,使构成这些线性方程组(或线性不等式组)的各要素所构成的另一线性目标函数达到极值(极大值或极小值),求得这些要素的最佳参数值的数学方法。

2)后勤保障中线性规划的理论模型。能够用线性规划方法进行决策的后勤保障决策问题要满足以下条件:

a.每一个决策方案都可用一组未知数$(x_1, x_2, \cdots, x_n)$的一组具体数值表示。这些未知数的取值为非负数。

b.明确的目标。后勤保障进行决策的目标(极大效能或极小成本)要明确表示出来。这个目标可以表示为一组决策变量的线性函数,称之为线性规划的目标函数(或目的方程)。

c.有限的资源(包括时间)。在后勤保障活动中,一般来说可利用的人力、物力、财力和时间等资源都是有限的。用于保障的时间多了,就必然给敌方袭击造成机会,用于一个作战单元物资多了,另一个作战单元得到的物资就有可能减少,也只有在这种情况下,才存在合理安排、最优规划的问题。"有限的资源"构成了线性规划中的约束条件,这些约束条件都可以用一组线性方程或线性不等式表示。

满足以上三个条件的数学模型称为线性规划的数学模型,其模型表示为

$$\max(\min) Z = \sum_{j=1}^{n} c_j x_j \tag{11.3}$$

$$\text{s.t.} \begin{cases} \sum_{j=1}^{n} a_{ij} x_j \leqslant (= \text{或} \geqslant) b_i, & i=1,2,\cdots,m \\ x_j \geqslant 0, & j=1,2,\cdots,n \end{cases} \tag{11.4}$$

式中,$x_j$为待求的决策变量;$c_j, b_i, a_{ij}$为给定的线性规划模型参数。满足式(11.4)的解$(x_1, x_2, \cdots, x_n)$称为可行解,而满足式(11.3)的可行解,即为线性规划问题的最优解。

3)线性规划模型建立的步骤。线性规划模型建立的步骤一般如下:

a.研究和明确问题的要求和条件。

b.设定和明确问题的要求和条件。

c.选定衡量目标函数的数量指标(费用、成本、消耗、完成任务的数量等)。

d.收集确定数学模型的所有参数$(a_{ij}, b_i, c_j)$的数据资料。

e.列出所有约束条件的线性数学表达式。

f.列出目标函数的数学表达式。

4) 线性规划的求解方法。求解线性规划的最常用的方法是单纯形法。对于一个变量个数为 $n$ 的一般线性规划问题，其可行解全体组成的集合（称为可行域）是 $n$ 维空间的一个凸多面体。如果目标函数的值在多面体上有上界，则它的最大值必在顶点上取到。单纯形法就是基于这一事实建立的，从几何上看，单纯形法实际是给出一个求解程序，使得从多面体的一个顶点出发，移动到一个相邻顶点，而使目标函数的值有所增加，直至达到最优解，从代数上看，其计算过程与求解线性方程组的消元法相似，因而易于在计算机上实现。目前，对于变量数不超过 50 000、约束条件数目不超过 5 000 这样规模的问题，都有现成的计算机软件可供利用。

(2) 整数规划。整数规划是要求决策变量取整数值的数学规划，要求决策变量取整数值的线性规划称为线性整数规划。因为对于某些具体问题，常有要求必须是整数的情形（称为整数解）。例如后勤保障中所求的解是车辆的台数、需要人员的数量等问题，分数或小数的解就不符合要求，因此整数规划在后勤保障中的运用非常广泛。

对于整数规划的解法，目前只有整数线性规划的解法比较成熟，常用的有割平面法、分支定界法和隐枚举法等。

(3) 非线性规划。在后勤保障中很多实际问题可以归结为线性规划问题，其目标函数和约束条件都是自变量的一次函数，但是，还有另外一些问题，其目标函数（或约束条件）很难用线性函数表达，如果目标函数或约束条件中包含有非线性函数，就称这种规划问题为非线性规划问题。

一般来说，解非线性规划问题要比解线性规划问题困难得多，而且，也不像线性规划有单纯形法这一通法，非线性规划目前还没有适用于各种问题的一般解法，各个方法都有自己特定的适用范围。

(4) 动态规划。动态规划是解决多阶段决策过程最优化的一种数学方法。在后勤保障决策领域，有一类活动的过程，由于它的特殊性，可将过程分为若干个互相联系的阶段，在它的每一个阶段都需要做出决策，从而使整个过程达到最好的活动效果。因此，各个阶段决策的选取不是任意确定的，它依赖于当前面临的状态，又影响以后的发展。在各个阶段决策确定后，就组成了一个决策序列，因而也就决定了整个过程的一条活动路线，这种把一个问题可看作一个前后关联具有链状结构的多阶段过程就称为多阶段决策过程，也称序贯决策过程，这种问题就称为多阶段决策问题。在多阶段决策问题中，各个阶段采取的决策，一般来说是与时间有关的，决策依赖于当前的状态，又随即引起状态的转移，一个决策序列就是在变化的状态中产生出来的，故有"动态"的含义，因此把处理它的方法称为动态规划方法。

2. 数据规划在后勤保障决策中的应用

规划理论是应用最优化技术解决保障行动优化问题的关键，是把后勤保障中的资源和任务的实际问题抽象成既反映作战行动的本质,又符合最优化技术要求结构的数学模型,主要应用于任务分配、资源配置、设施布局和物资调运等方面。在后勤保障活动中,经常遇到这样两类问题:其一,当时间、人力、物力和财力资源一定时,如何合理利用这些资源,使得完成的任务最多;其二,当任务一定时,如何合理安排,使得完成该项任务消耗的时间、人力、物力和财力资源最少。这两类问题都需要运用数学规划方法来解决。

### 11.4.2 对策论

**1. 基本思想**

对策论是定量研究人类社会和自然界中冲突现象的一种理论,亦称博弈论、竞赛论。对策论是研究对抗性问题的数学方法,它的基本思想是把实际冲突现象抽象为对策模型,即用数学语言描述冲突各方所采取的策略,以及各方的得失,并用适当的算法找到各方的最优策略[4]。

(1) 矩阵对策的数学模型。矩阵对策就是两人有限零和对策,这是指只有两个局中人(这里可以是敌我双方),每个局中人都只有有限个策略可供选择,在任一局势下,两个局中人的赢得之和总是等于零,即双方的利益是激烈对抗的。一般用 Ⅰ,Ⅱ 分别表示两个局中人,并设局中人 Ⅰ 有 $m$ 个策略 $a_1, a_2, \cdots, a_m$ 可供选择,局中人 Ⅱ 共有 $n$ 个策略 $b_1, b_2, \cdots, b_n$ 可供选择,则局中人 Ⅰ,Ⅱ 的策略集分别为

$$S_1 = \{a_1, a_2, \cdots, a_m\} \tag{11.5}$$

$$S_2 = \{b_1, b_2, \cdots, b_n\} \tag{11.6}$$

在局中人 Ⅰ 选定策略 $a_i$ 和局中人 Ⅱ 选定策略 $b_j$ 后,就形成了一个局势,可见这样的局势共有 $mn$ 个,对任一局势 $(a_i, b_j)$,记局中人 Ⅰ 的赢得值为 $a_{ij}$,并称

$$A = \begin{bmatrix} a_{11} & \cdots & a_{1n} \\ \vdots & & \vdots \\ a_{m1} & \cdots & a_{mn} \end{bmatrix} \tag{11.7}$$

为局中人 Ⅰ 的赢得矩阵(或局中人 Ⅱ 的支付矩阵)。由于假定对策和为零,故局中人 Ⅱ 的赢得矩阵就是 $-A$。当局中人 Ⅰ,Ⅱ 和策略集 $S_1, S_2$ 及局中人 Ⅰ 的赢得矩阵 $A$ 确定后,一个矩阵对策就给定了,通常将矩阵对策记成

$$G = \{Ⅰ, Ⅱ; S_1, S_2; A\}$$

(2) 矩阵对策的解法。矩阵对策的解法有 $2 \times 2$ 对策的公式法。所谓 $2 \times 2$ 对策是指局中人 Ⅰ 的赢得矩阵为 $2 \times 2$ 阶的,即

$$A = \begin{bmatrix} a_{11} & a_{12} \\ a_{21} & a_{22} \end{bmatrix} \tag{11.8}$$

除了 $2 \times 2$ 对策的公式法外,还有 $2 \times n$ 或 $m \times 2$ 对策的图解法、线性方程组方法、迭代法等矩阵对策的解法。

## 2. 对策论在后勤保障决策中的应用

在后勤保障中决策论可以帮助决策者在敌方火力威胁下的保障活动中评估敌方的各种策略和选择自己的最优策略。后勤保障中，敌我双方均千方百计地隐蔽自己的意图，以便安全有效地实施后勤保障。因此，决策者通常要在不能确定敌方究竟采取哪一个破坏策略的情况下，制定自己的决策。在此情况下运用对策论能够帮助决策者从数量上分析各种可能的对策结果，做到心中有数，以便极力避免最坏结局，夺取最大战果。后勤保障中运用对策论选择最优策略时，必须具备以下两个条件：

(1)决策者必须知道对手共有哪些策略，而且还要分析清楚双方各种对抗方式下的大致结果。如在我方防御敌方进攻我方后勤保障的攻防战斗中，我方虽不知道敌人的主攻方向选在何处，但应分析出敌方共有哪些可供选择的主攻方向，并要进一步估计出敌我双方各种防护方式下的预期战果（得失）。

(2)在选择最优策略时，不能存侥幸心理，先要从最坏处着想。这就是说，要充分考虑到敌方也会采取最有效的打击策略。只有这样考虑问题，才能使选定的最优策略建立在可靠的基础上。

### 11.4.3 存贮论

#### 1. 基本思想

库存的物资简称"存贮"。它的意义是广泛的，可以是原材料、设备、成品、半成品、零件、商品，也可以是水库里的水，甚至可以是人（战士）。一般来说，存贮因需要而减少，因补充而增加。存贮的作用：首先，可应付各种变化，起到应急的缓冲作用；其次，通过存贮吸收突发性需求波动，使保障过程均衡、平稳；最后，适量库存可以使后勤在接到部队所需信息后，最大限度地缩短响应时间，提高保障水平，实现保障有力的目标。

存贮策略是指决定何时补充，补充多少数量的办法。常用的存贮策略有以下三种：

(1) $t_0$ 循环策略。每隔 $t_0$ 时间补充存贮量 $Q$。

(2) $(s, S)$ 策略。当存贮量 $x > s$ 时不补充，当 $x \leqslant s$ 时补充。补充量 $Q = S - x$。

(3) $(t, s, S)$ 混合策略。每经过时间 $t$，检查一次存贮量 $x$，当 $x > s$ 时不补充，当 $x \leqslant s$ 时，补充库存量达到 $S$。

具体采用哪种存贮策略，需要先把实际问题抽象成数学模型。在形成数学模型的过程中，要把握问题的实质，简化一些次要因素。模型建立后，用数学方法求解。再将求得的结果拿到实践中检验，倘若差距太大，须进一步修改模型，直至所建立的模型能较好地符合实际为止。目前，已经得到人们认可、使用比较广泛和成熟的存贮模型公式有以下两种：

(1)确定性存贮模型,即模型中的数据皆为确定的数值。具体可有下述 4 种模型:

a. 不允许缺货,瞬时进货模型。

b. 不允许缺货,非瞬时进货模型。

c. 允许缺货,瞬时进货模型。

d. 变需求量的存贮模型。

(2)随机性存贮模型,即模型中含有随机变量。具体有以下两种模型:

a. 需求是连续随机变量的存储模型。

b. 需求是离散随机变量的存储模型。

2. 存贮论在后勤保障决策中的应用

在后勤保障中,存贮是作战物资供应中的重要一环,是连接后方供给和作战力量的平台,凡是后勤保障活动中暂时存放起来用于将来作战的资源,都可以认为是作战物资存贮,而供需不平衡则是导致作战物资存贮出现问题的根源。对于作战力量的后勤保障而言,物资存贮仓库应提供各种各样的物资,以满足作战力量的需求。如果仓库存贮的物资品种和数量不足,就会发生缺货,对作战力量的作战行动可能造成的损失将无法估量;但如果存货过多,作战力量又不需要,就会造成物资积压,也会造成损失。后勤保障中对存贮问题的理解和分析可以延伸到战场上物资存贮仓库的数量与设置、后勤专业人员的规模与运用、后勤保障后备力量与物资资源的储备等方面。存贮论在后勤保障决策中要解决 2 个基本问题:

(1)作战力量何时需要物资供应?

(2)向上级后勤申报的物资存贮量是多少?

在联合作战中的常规导弹力量后勤保障中,由于具体条件千差万别,制定存贮策略时又不能忽视这些差别,所以模型也是多种多样的,有些存贮问题涉及的模型非常复杂,因此在解决问题时,要认清问题实质,采取多种方法进行求解。同时,后勤保障中判断存贮策略优劣的标准是该策略所耗用总费用的多少,而一个好的存贮策略,既可以使总费用小,又可以避免因缺货而造成的巨大影响。

## 11.4.4 排队论

1. 基本思想[5]

排队论是研究排队现象的一门学问,它是运筹学的重要分支。所谓排队现象就是指顾客以特定的或变化的到达率来到服务台,按一定的服务规则接受服务员服务的过程。解决服务问题中出现的基本矛盾是顾客不愿意长时间排队、服务机构不应该长时间闲置。解决矛盾有两个办法:一是控制顾客的到达,使其适应服务机构的条件;二是合理安排服务机构的服务能力,使它尽量满足顾客的需要。显然,在后勤保障领域的服务工作中,只有少数情况可能采用前一种方法,因此在后勤保障中可只着重研究后一种方法[6]。

D. G. Kendall 在 1953 年提出一个分类的方法，按各部分的特征中最主要的、影响最大的三个来分类：

(1)顾客相继到达间隔时间的分布。

(2)服务时间的分布。

(3)服务台个数。

按照这三个特征分类，并用一定符号表示，称为 Kendall 记号，对于并列的服务台(如果服务台是多于一个的话)的情形，D. G. Kendall 所用的符号形式是

$$X/Y/Z$$

其中，X 处填写表示顾客相继到达时间的分布；Y 处填写表示服务时间的分布；Z 处填写并列的服务台的数目。

表示相继到达间隔时间和服务时间的各种分布的符号如下：M 表示负指数分布(以 Markov 的字头表示，因为负指数分布具有无记忆性，即 Markovr 性)；D 表示确定型(Deterministic)；$E_k$ 表示 $k$ 阶爱尔朗分布(Erlang)；GI 表示一般相互独立(General Independent)的时间间隔的分布；G 表示一般(General)服务时间的分布。

例如，M/M/1 表示相继到达间隔时间为负指数分布、服务时间为负指数分布、单服务台的模型。

1971 年，在一次关于排队论符号标准化会议上决定，将 Kendall 符号扩充成为 X/Y/Z/A/B/C 形式。其中前三项意义不变，A 处填写系统容量限制；B 处填写顾客源数目；C 处填写服务规则，如先到先服务(FCFS)、后到后服务(LCFS)等。并约定，如略去后三项，即指 X/Y/Z/∞/∞/FCFS 的情形。

在后勤保障中可以依据情况应用的排队模型类型很多，如以下几种：

(1)单服务台负指数分布排队系统的分析。

1)标准的 M/M/1 模型，即(M/M/1/∞/∞)。

2)系统容量有限制，即(M/M/1/N/∞)。

3)顾客源为有限，即(M/M/1/∞/m)。

(2)多服务台负指数分布排队系统的分析。

1)标准的 M/M/C 模型，即(M/M/C/∞/∞)。

2)系统容量有限制，即 M/M/C/N/∞。

3)顾客源为有限，即(M/M/C/∞/m)。

2.排队论在后勤保障决策中的应用

后勤保障中所涉及的"顾客"是广义的，如要求物资供应的部队是顾客，后勤保障系统是服务台。在后勤保障中，可以用排队论方法解决很多问题，如以最优的方式安排后勤保障的物资供应，预测野战医院的床位和伤员的数量，合理安排后送和

救治,研究车辆的最优输送和多辆车同时要求加油的问题等。

用排队论的方法解决后勤保障中实际问题的大致步骤如下:

第一步:明确服务系统的情况。清楚所研究的系统中顾客是什么,服务是什么,服务机构是什么,以及排队规则和服务规则。

第二步:确定顾客输入过程和服务时间的分布。可根据前面讲的几种典型输入过程和服务时间分布,对现实问题进行统计分析,判断其服从或近似服从哪种分布;再利用统计资料找出其数字特征,如平均单位时间输入顾客的人数和服务的人数等。这里,必须有统计资料为基础是十分重要的。

第三步:根据上面两条确定的情况,选择合适的排队模型,计算出需要的数量指标。

第四步:根据服务问题的具体内容,确定对各数量指标的要求,如某种机构 $n$ 个顾客等待时间不得超过多少;系统内顾客数不得大于多少等问题。这一条有时不易确定,它的确定依据是系统设计的目标和具体情况及条件。

第五步:把算出的数量指标与要求的数量指标相比较,如果一致,说明该系统合理;如果不一致,就需改变系统再重新计算,直到一致为止。需要强调的是,随机服务问题研究的是随机问题,它的结论能使大量服务中总体成功的把握性增大,但不保证每一次都能成功,这是由随机服务系统的随机性质所决定的。

## 11.5 联合作战中常规导弹力量后勤保障定性定量综合集成决策法

一般来说,在后勤保障决策中各种决策方法不是孤立应用的,而是需要相互结合、综合运用。后勤管理的对象,大都是复杂的系统,是有机联系的整体。作为一项具体的决策方法虽然能够反映客观实际,但是又必然存在着局限性,只能反映事物一个侧面或整体的部分联系。因此,在后勤保障实践中,应把定性和定量方法结合起来应用,针对不同的决策对象和决策问题而有所侧重。

### 11.5.1 决策分析法

1. 基本思想

(1)风险型决策分析法。风险型决策分析法是指决策存在两种以上可能的自然状态,且决策者了解各自然状态出现的概率,但得不到充分可靠的完整战场环境信息,在这种情况下,决策者只能在概率意义下求得备选方案的价值,所以做出的决策带一定的风险性,在这种情况下的决策就是风险型决策[7]。

1) 风险决策问题的特征。在不确定型决策问题中,如果设法估计出各自然状

态的出现概率 $P_j$，这个问题就成了风险决策问题，即已知：

$$\left.\begin{array}{l} W_{ij} = f(A_i, \theta_j), \quad i=1,2,\cdots,I(I \geqslant 2), \quad j=1,2,\cdots,J(J \geqslant 2) \\ P_j = P(\theta_j), P(\theta_j) \in [0,1] \\ \sum_{j=1}^{J} P(\theta_j) = 1 \end{array}\right\} \quad (11.9)$$

式中，$W_{ij}$ 表示方案 $A_i$ 在自然状态 $\theta_j$ 下的收益；$P_j$ 表示自然状态 $\theta_j$ 出现的概率。

要求根据 $P_j$ 和 $W_{ij}$ 信息，从 $\{A_i\}$ 中选一个最好的方案。

2) 风险决策的方法。一般采用最大期望收益测则法。

最大期望收益法就是算出每个行动方案的益损期望值并加以比较，计算公式为

$$E(X) = \sum_{i=1}^{m} P_i x_i \quad (11.10)$$

式中，$x_i$ 为随机离散变量 $x$ 的第 $i$ 取值，$i=1,2,\cdots,I$；$P_i$ 为 $x=x_i$ 时的概率。

计算不同行动方案的益损值时，若决策目标（准则）是期望收益最大，则选择收益期望值最大的行动方案为最优方案；反之，若决策目标是期望费用最小，则选择费用期望值最小的方案为最优方案。

(2) 不确定决策分析法。不确定决策分析法是指存在两种以上的可能自然状态，但决策者无法估计自然状态出现的概率。决策分析问题的一种形式化表达是决策矩阵或益损值矩阵，该矩阵的最左边按行给出可能的备选方案，矩阵的最上方按列给出可能的自然状态，矩阵元素则给出每一对备选方案/自然状态组合下的益损值。不确定情况下常用有以下 5 种的决策准则：

1) 等概率准则——拉普拉斯准则。该准则的基本假定是，既然不能确知每一个自然状态出现的概率，就认为每一个状态出现的概率相同，如果有 $J$ 种可能状态，则每种状态出现概率为 $\frac{1}{J}$，依此主观概率求出每一方案的益损值。

2) 大中取大准则——乐观准则。这是当决策者充满乐观与冒险精神，不放弃任何一种获得最好结果的机会时所采取的准则。其方法是首先找出各备选方案在最有利状态下的益损值，然后选择其中最大益损值所对应的方案。

3) 小中取大原则——悲观准则。其方法是先找出各方案在最不利状态下的益损值，再选择其中最大益损值对应的方案，这种追求最不利状态下最有利方案的准则是比较稳妥和保守的做法。

4) 折中准则——$\alpha$ 准则。该准则是悲观准则与乐观准则的折中。设折中系数为 $\alpha$，则第 $i$ 个备选方案的折中益损值为选择的方案应使折中益损值最大。

5) 最小遗憾准则。遗憾值又称机会损失值或后悔值，它同益损值一样可以作

为评价备选方案的定量指标。

以上列举了不确定情况下的5种决策准则。在进行后勤保障决策时,可以选用一种准则辅助决策,也可以综合应用,即将几个准则的结果进行综合评定,选择被选中次数最多的方案作为最佳决策方案。

(3)序列决策分析法。序列决策分析法是指在很多实际决策问题中,不仅有单阶段的终端决策,而且在后勤保障决策中,决策者考虑的决心方案常常需要包括多个作战阶段,这类决策问题的特点是当进行决策后又遇到一个新情况,并需要进行新的决策,这就是序列决策。序列决策不能借助决策矩阵,而是要借助决策树或影响图这类工具。决策树是描述序列决策的有力工具,所谓决策树法,就是利用树形图模型来描述决策分析问题,把几项可选方案及有关的随机因素有序地表示出来形成一个树形,并直接在决策树图上进行决策分析。决策树在后勤保障中可作为重要的决策分析工具,因为它能统观整个决策过程的全局,从而能系统地对决策过程进行全面分析、计算和比较。决策树是一种形象的说法,每个决策方案和随机因素用一根线条表示,就像伸出的一个树枝,整个决策过程像一棵树。一般来说每个决策问题有多个备选方案,每个方案可能遇到多种自然状态,因此决策树有一级、二级或多级之分。

2. 决策分析法在后勤保障决策中的应用

决策分析在后勤保障中要解决的问题是根据所获得的环境信息(往往是不确定的),从一组备选方案中选择最满意的方案。由于决策目标要在行动的结果中体现出来,而在做决策时,行动尚未开始,结果更没有产生,所以决策方案的价值常常要根据决策者对决策方案所能达到的目标程度的主观评价确定。

### 11.5.2 层次分析法

1. 基本思想[8]

层次分析法(Analytic Hierarchy Process,AHP)是美国运筹学家萨蒂教授于20世纪70年代初提出的,是一种定性与定量相结合的多准则决策分析法。这种方法将决策者的经验判断给予量化,特别适用于目标结构复杂且缺乏必要数据的情况。AHP解决多准则问题的基本思路是两两比较进行排序,即首先找出决策问题所涉及的主要决策因素,将这些因素按目标、准则、措施(方案、手段)等分类;其次构造一个反映各因素关联隶属关系的递阶层次模型;再次通过每一层各因素之间对上层因素影响的两两比较,得到各因素的相对重要性排序;最后按层次结构关系,得到对备选方案的综合排序。这种方法的关键问题是通过两两成对比较,得到各因素的相对重要性排序。层次分析法的步骤如图11.1所示。

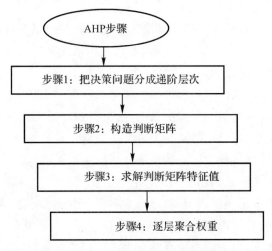

图 11.1 AHP 步骤直观示意图

上述 AHP 的 4 个基本步骤,是 AHP 用于解决比较简单的决策问题时所用的,对于更复杂的决策问题,AHP 有许多扩展的方法,主要有以下几种:

(1)成本—效益分析的 AHP。
(2)边际排序方法。
(3)动态排序方法。
(4)计划制定过程的前向 AHP。
(5)信息不全下的 AHP。
(6)群体决策使用的 AHP。
(7)模糊 AHP。
(8)不确定型 AHP。
(9)基于绝对排序法的 AHP。

2. AHP 在后勤保障决策中的应用

在后勤保障决策中,对决心方案的评价经常需要考虑多方面的要求,按多个目标或多项准则进行综合衡量,联合作战中的常规导弹力量定下给部属实施保障的决心,既要按时将物资送到指定阵地,又要保证运输的安全,还要考虑自然消耗和敌方破坏,这就需要解决多准则或多目标决策问题。事实上,在实际的决策问题中很少有单目标的情况,也正是由于决策准则的多目标性带来方案间的冲突,才使应用各种决策辅助方法进行科学有效地决策成为必要。

### 11.5.3 模糊决策分析

本节主要讨论模糊数学在综合评判中的应用。模糊综合评判方法是模糊决策分析的基本方法,其特点是按多项模糊的准则参数对备选方案进行综合评判,再根据综合评判结果对各备选方案进行比较排序。

1. 基本思想[9]

模糊决策分析的评估过程如下:

(1) 确定要评价的要素集。选择对被评价对象有影响的因素作为评价要素,构成评价要素集

$$U = \{u_1, u_2, \cdots, u_n\}$$

(2) 确定评语集评语集。就是对评价要素分级的评语的集合,通常应根据实际问题的特点确定。设评语集为

$$V = \{v_1, v_2, \cdots, v_m\} \tag{11.11}$$

确定 $U$ 中各元素的权重

$$A = (a_1, a_2, \cdots, a_n), \quad \sum_{i=1}^{n} a_i = 1 \tag{11.12}$$

权重 $a_i$ 反映了决策者对 $U$ 中第 $i$ 个因素的重视程度,一般通过专家调查法确定。

(3) 确定评价矩阵。首先对 $U$ 中第 $i$ 个因素,用 $V$ 中的评语进行评价,得到单因素评价向量为

$$\boldsymbol{R}_i = (r_{i1}, r_{i2}, \cdots, r_{im}) \tag{11.13}$$

然后,将各所有单因素评价向量排列在一起构成评价矩阵

$$\boldsymbol{R} = \begin{bmatrix} r_{11} & r_{12} & \cdots & r_{1m} \\ r_{21} & r_{22} & \cdots & r_{2m} \\ \vdots & \vdots & & \vdots \\ r_{n1} & r_{n2} & \cdots & r_{nm} \end{bmatrix} \tag{11.14}$$

(4) 综合评判。将因素权重向量 $\boldsymbol{A}$ 通过评价矩阵 $\boldsymbol{R}$ 变换成评语集 $V$ 上的模糊集 $\boldsymbol{B}$

$$\boldsymbol{B} = \boldsymbol{A} \times \boldsymbol{R} = (a_1, a_2, \cdots, a_n) \times \begin{bmatrix} r_{11} & r_{12} & \cdots & r_{1m} \\ r_{21} & r_{22} & \cdots & r_{2m} \\ \vdots & \vdots & & \vdots \\ r_{n1} & r_{n2} & \cdots & r_{nm} \end{bmatrix} = (b_1, b_2, \cdots, b_m)$$

$$\tag{11.15}$$

通过综合结果式(11.15)可以看出,各因素的权重对计算结果有直接的影响。当要评价对象的因素很多时,各权重值通常很小,在取"最小"的运算中,就会被取上,这就失去了权重的意义。另外,因素很多时,权重也难以确定,即使确定了,也难以反映各因素在整体中的地位。此时,要采用多级模型。上述模型是一级评判模型。如果把每个进一步进行细分,可得二、三级模型。如果需要,还可以再细分

得到多级模型[9]。

2.模糊决策分析在后勤保障决策中的应用

在后勤保障中,通常有多个可能的保障方案,这就需要后勤保障决策者根据预期目标和限制条件加以评估,选出可行而又令人满意的方案,但保障行动的某些目标和限制条件往往难以精确描述,只能用模糊的、非定量的、难以明确定义的语言描述,即使目标、限制本身能够用变量明确定义,方案和这些变量之间的关系也可能是模糊不清的。后勤保障的保障状态、安全防护和保障能力等多个方面,往往在不同的方面各有优缺点,如何综合各个方面的评价得出一个结果呢?对这种多目标,包括定量和非定量模糊因素,需要建立一套有条理的、能利用这些模糊信息并加以形式化的方法,通过建立模糊集合的数学规则,把对不可量化和不精确概念的表达和处理方法形式化,以帮助决策者做出合理的决策和科学的评估。

### 11.5.4 人工神经网络

人工神经网络是仿照生物的神经系统,由人工神经元组成的网络。神经网络技术就是模仿人类神经元之间的信息传递,建立人工神经元网络结构,利用计算机模仿人脑的思维,对得到的信息进行分析加工。神经网络有自组织、自学习、自适应、分布式存储及大规模并行处理等功能,能解决一些传统计算机难以解决的问题。本节只对目前使用最广泛的反向传播网络模型作简要介绍。

1.基本思想[10-11]

(1)人工神经元。仿照生物神经元,人工神经元可抽象成图11.2所示的数学模型。

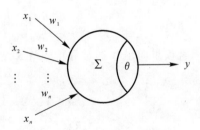

图11.2 人工神经元数学模型

图11.2中,$x_i(i=1,2,\cdots,n)$为该神经元的输入;$w_i$为该神经元与其他神经元间的连接的强度,称为连接权值;$\theta$为该神经元的阈值;$y$为神经元的输出。由此结构可以看出,神经元是一个具有多个输入、单个输出的运算器。神经元的工作过程一般如下:

1)从各输入端接收输入信号$x_i$。

2)根据连接权值$w_i$,求出所有输入的加权和$\sigma$计算公式为

$$\sigma = \sum_{i=1}^{n} w_i x_i - \theta \tag{11.16}$$

3) 用特性函数(又称作用函数)$f$进行转换,得到输出 $y$

$$y = f(\sigma) = f\left(\sum_{i=1}^{n} w_i x_i - \theta\right) \tag{11.17}$$

4) 对特性函数 $f(x)$,在实际应用中常取为符号函数

$$f(x) = \begin{cases} 1, & x \geqslant 0 \\ -1, & x < 0 \end{cases} \tag{11.18}$$

或连续型函数

$$f(x) = \frac{2}{1 + e^{(-ax)}} - 1, \quad a > 0 \tag{11.19}$$

(2) 神经网络的构成。多个神经元相互连接就构成了神经网络,不同的连接方式就构成了不同的网络模型,常用的有以下几种(见图 11.3)。

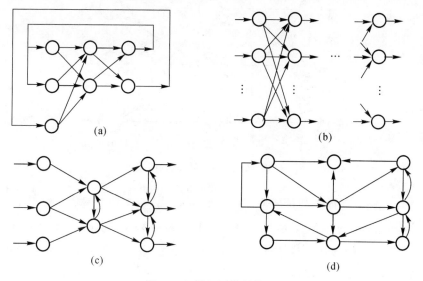

图 11.3 神经网络结构图

(a)前向网络; (b)从输出层到输入层有反馈的前向网络; (c)层内有互连的网络; (d)互连网络

1) 前向网络。前向网络又称前馈网络,其结构形式如图 11.3(a)所示。在这种网络中,神经元分层排列,第一层为输入层,接受外界输入的信号;第二层为中间层(可以有多层),对输入的信号进行加工处理;第三层为输出层,将经过加工的信号输出到外界。这种网络处理信号的特点是每一层只接受上一层加工后的信号。对用户而言,输入和输出层为可见层,中间层为不可见层,因此也称为隐藏层。

2) 从输出层到输入层有反馈的前向网络,其结构形式如图 11.3(b)所示。这种网络与前向网络的区别仅仅在于输出层上的某些输出信号又作为输入信息送入

输入层。

3)层内有互连的网络,其结构形式如图 11.3(c)所示。这种网络中的同层神经元之间可以发生相互作用。

4)互连网络,其结构形式如图 11.3(d)所示。这种网络中的任意神经元之间都可以互相连接,前面三种情况都可以看作这种情况的特例。

以反向传播(Back Propagation,BP)网络为例简单进行介绍。

BP 网络就是有多个输入、多个输出的多层前向网络,如图 11.4 所示。在这个网络中,节点的作用函数选用如下的 S 形函数:

$$f(x) = \frac{1}{1+e^{(-x)}} \tag{11.20}$$

BP 网络的工作过程是由输入层输入的信息经节点的作用函数变换后,传入隐含层,经作用函数变换后,再传入下一层,直到最终由输出层输出。

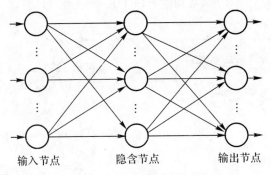

图 11.4　BP 网络结构图

构造一个 BP 网络的目的是希望网络按照一定的愿望进行输入输出工作。为了达到这个目的,需要用给定的一组样本 $(X_i, Y_i)[(i=1,2,\cdots,L), X_i = (x_{i1}, x_{i2}, \cdots, x_{iN})$ 为输入数据,$Y_i = (y_{i1}, y_{i2}, \cdots, y_{iM})$ 为输出数据] 对网络进行训练。决定网络输出量的是各节点阈值和连接各节点之间的权值,训练的目的就是求出这些阈值和权值。用数学公式描述就是,求出一组阈值 $\theta_i$ 和权值 $W_{ij}$,使得网络的输出与标准样本的输出满足给定的误差 $E_0$ 为止,即

$$\sum_{j=1}^{L} |Y_j - \bar{Y}_j| \leqslant E_0 \tag{11.21}$$

式中,$\bar{Y}_j$ 是输入样本 $X_j$ 时网络的实际输出;$Y_j$ 是标准输出。

$$|Y_j - \bar{Y}_j| = \sqrt{\sum_{k=1}^{M} (y_{jk} - \bar{y}_{jk})^2} \tag{11.22}$$

(3)BP 算法。求取阈值和权值的方法是多次迭代的方法,目前最有效的算法是反向传播算法,也称 BP 算法。BP 算法是一种很有效的学习算法,目前已有许

多改进的方法,是实际应用中最重要的模型之一[12]。

BP算法的过程由正向传播和反向传播组成。在正向传播过程中,输入信息从输入层经隐单元层逐层处理后,传至输出层。每一层神经元的状态只影响下一层神经元的状态。如果在输出层得不到期望输出,那么就转为反向传播,把误差信号沿原连接路径返回,并通过修改各层神经元的权值,使误差信号最小。最基本的BP网络是三层前向网络,即输入层LA、隐含层LB和输出层LC单元之间前向连接。

**2. 人工神经网络在后勤保障决策中的应用**

为更好地用计算机模拟人的思维方式处理大型的数据,以满足战时后勤保障决策的需要,可以利用BP网络建立联合作战中常规导弹力量后勤保障模型,需要先收集上千个过去世界各国军队成功的后勤保障战例,比如四次中东战争和英阿之战、海湾战争、科索沃战争、阿富汗战争、伊拉克战争等现代后勤保障战例,特别是我军和外军的常规导弹力量成功的保障战例。然后对收集到的战例样本进行数字化处理,以实现人机对话,使计算机能对它们进行运算处理。技术处理完之后,将战例样本输入计算机以对神经网络进行训练,通过训练最终确定网络的连接权,这样就建立了后勤保障的神经网络模型。战时,作战指挥员就可以将身处战场的情况(信息)输入到相应的后勤保障模型,由神经网络为指挥员提供一个参考的决策。后勤保障的模型越多,分析得越充分,则对战时决策者的帮助就越大。

### 11.5.5 灰色决策分析

**1. 基本思想**[13-15]

灰色决策是现代决策科学的重要组成部分,是从20世纪80年代后期开始逐步发展起来的的一类解决不确定决策问题的分析方法。把只知道大概范围而不知其确切值的数称为灰数,灰色决策是在决策模型中含灰元或一般决策模型与灰色模型相结合的情况下进行的决策。在现实生活中尽管已经有了解决确定型决策的数学规划方法及其他运筹学方法,以及解决随机事件决策的统计方法和解决模糊事件的模糊决策方法。但是,世界的灰色性,要求人们去解决大量存在的信息不完善系统的决策问题,这就是灰色决策的任务。目前灰色决策主要有两部分内容:一是基于事件拓扑的灰色局势决策;另一部分是较典型的运筹学问题,如灰色线性规划、灰色整数规划等。这部分内容之所以冠以"灰色"二字,主要是由于在建模与计算过程中,有些有关的参数、系数、权等是通过灰色系统(Grey Model,GM)求得的。

(1)灰色系统理论的基本概念。

1)灰符号$\otimes$。这是灰色系统理论特有的符号,表示灰或灰色。在使用中,说某数是灰比一般就是说这个数是有上界$a$和下界$b$的区间数,记为$\otimes(a,b)$。当记

$a \in \otimes(A)$时,即表示 $a$ 为灰数 $A$ 这个区间的一个具体数值,称为 $A$ 的一个白化值,如 $5 \in \otimes(1,8)$。

2)灰元、灰参数、灰方程。凡是不确定的数值,均可称为灰元或灰参数,含有灰元或灰参数的方程,就称为灰方程。类似地,还有灰函数、灰矩阵等。灰元和灰参数的定义目前尚不明确,我们认为,将方程中列为变量一类的数称为灰元,方程中的其他数称为灰参数较好。

3)AGO 生成。灰色系统理论的显著特点之一就是对数据进行累加生成处理。如有系统共变量 $X$ 的一个时间序列,原始数据记为义 $X^{(0)}$,有

$$X^{(0)} = \{X^{(0)}(1), X^{(0)}(2), X^{(0)}(3), X^{(0)}(4)\} = \{1\ 003, 864, 1\ 107, 1\ 407\}$$
(11.23)

称为对 $X^{(0)}$ 进行了 1-AGO 处理,对 $X^{(1)}$ 再进行一次累加生成,即得 $X^{(2)}$,表示经过了两次 1-AGO 处理,累加生成的数学表达式为

$$X^{(1)}(i) = \sum_{k=1}^{i} X^{(0)}(k) \tag{11.24}$$

通常运算结束后,还要将数据还原,称为累减生成,简记为 LAGO 处理,对上面示例,得

$$X^{(0)}(i) = X^{(1)}(i) - X^{(1)}(i-1) \tag{11.25}$$

(2)灰色系统决策模型。由于灰色系统决策的基本方法是建立模型,所以下面从各类决策模型中选择部分模型进行介绍。

1)灰色优势分析决策模型。在决策过程中,经常要分析多种因素之间的相互关系,要理清哪些因素之间关系密切,哪些因素之间关系不密切,哪些因素对系统的影响较大,哪些因素影响小。系统中各因素之间的关系显然是灰的,灰色系统理论定义了一种关联度分析方法,它分析多种因素的数列曲线。认为变化趋势较一致的数列之间关系密切。方法是在若干数列中选一个参考数列 $x_0(k)$,其余为比较数列

$$x_i(k)(i=1,2,\cdots;k=1,2,\cdots,n) \tag{11.26}$$

然后计算 $x_i$ 与 $x_0$ 之间在 $k$ 点的关联系数

$$\xi_i(k) = \frac{\Delta_{\min} + \rho \Delta_{\max}}{|x_0(k) - x_i(k)| + \rho \Delta_{\max}} \tag{11.27}$$

式中,$|x_0(k) - x_i(k)|$ 为 $k$ 点 $x_i$ 与 $x_0$ 的绝对差;$\Delta_{\min} = \min_{i} \times \min_{k} |x_0(k) - x_i(k)|$,为各数列 $x_i$ 与 $x_0$ 之间的两级最小差,求解时先计算每一数列上各点与 $x_0$ 的差,选出最小差,再从所有数列的最小差中选出最小差即得;$\Delta_{\max} = \max_{i} \max_{k} |x_0(k) - x_i(k)|$,为各数列 $x_i$ 与 $x_0$ 之间的两级最大差,求解方法同上;$\rho$ 为分辨系数,$\rho \in (0,1)$,一般取 $\rho = 0.5$。关联系数 $\xi_i(k)$ 仅反映了 $x_i$ 与 $x_0$ 在 $k$ 点的关联程度,综合各点得关联度 $\gamma_i$ 为

$$\gamma_i = \frac{1}{n}\sum_{k=1}^{n}\xi_i(k) \tag{11.28}$$

如此,做出各 $x_i$ 与 $x_0$ 的 $\gamma_i$,得到一个关联序,由关联序可分析各因素与参考因素之间的密切程度,$\gamma_i$ 数值越大,表明关联越紧密。如有多个参考因素,则可求得多个关联序组成一个关联矩阵:

$$\boldsymbol{\gamma} = \begin{bmatrix} \gamma_{11} & \gamma_{12} & \cdots & \gamma_{1n} \\ \gamma_{21} & \gamma_{22} & \cdots & \gamma_{2n} \\ \vdots & \vdots & & \vdots \\ \gamma_{m1} & \gamma_{m2} & \cdots & \gamma_{mn} \end{bmatrix} \tag{11.29}$$

在应用中,对不同单位和不同初值的数序要进行无量纲化和初值化。它主要用于系统多因子的动态关联分析,进行系统协调发展决策。

2) 灰色层次决策模型。某些大型决策问题,往往需要多方面人员提供意见,然后综合各方面的决策意向进行决策。常把参与决策意见的人员划分为几个层次,如群众层 A、专家层 B 和领导层 C。群众层 A 人数众多、意见分散,用灰统计法确定这一层次的决策意向。专家层 B 人数较少、有专业技术、责任感较强,一般是通过发展态势分析提出决策意向。领导层 C 人数最少、有全局性和权威性,可用灰聚类划分共决策意向。确定了各层次的决策意向(决策"权"数)后,先求 A、B 联合决策,再求 A,B,C 联合决策。

3) 灰色局势决策模型。称事件 $a_i$ 和对策 $b_i$ 的二元组合为局势 $s_{ij}$,则

$$s_{ij} = (a_i, b_i) \tag{11.30}$$

每个局势有对应的效果测度 $\gamma_{ij}$,若干个局势的效果测度构成效果测度行、列或矩阵。按不同的决策目标选不同的决策准则,对多目标问题可求单目标化的综合效果测试。

4) 灰色线性规划决策模型。线性规划是决策中应用非常广泛的一种方法,它是求在一组约束条件作用下系统目标函数的极值。其模型的矩阵形式如下:

目标函数为

$$\max \boldsymbol{Z} = \boldsymbol{CX} \tag{11.31}$$

绝对条件为

$$\boldsymbol{AX} \leqslant \boldsymbol{B} \boldsymbol{X} \geqslant 0 \tag{11.32}$$

模型中,$\boldsymbol{X}$ 为变量集,$\boldsymbol{Z}$ 为目标集,$\boldsymbol{A}$ 为系数阵,$\boldsymbol{B}$ 为资源集,$\boldsymbol{C}$ 为目标函数系数集。

$$\boldsymbol{Z} = \begin{bmatrix} z_1 \\ z_2 \\ \vdots \\ z_l \end{bmatrix}, \quad \boldsymbol{X} = \begin{bmatrix} x_1 \\ x_2 \\ \vdots \\ x_n \end{bmatrix}, \quad \boldsymbol{B} = \begin{bmatrix} b_1 \\ b_2 \\ \vdots \\ b_m \end{bmatrix} \tag{11.33}$$

$$\boldsymbol{A} = \begin{bmatrix} a_{11} & a_{12} & \cdots & a_{1n} \\ a_{21} & a_{22} & \cdots & a_{2n} \\ \vdots & \vdots & & \vdots \\ a_{m1} & a_{m2} & \cdots & a_{mn} \end{bmatrix}, \quad \boldsymbol{C} = \begin{bmatrix} c_1 & c_2 & \cdots & c_n \end{bmatrix} \tag{11.34}$$

当模型的部分数为灰数或是由其他灰色模型求得时,即成为灰线性规划模型。参数由 GM(1,1) 模型预测得到时,称为预测型灰线性规划;参数自身摄动时,称为漂移型灰色线性规划。

5)GM(1,n) 和 GM(1,1) 模型。GM 是灰色模型(Grey Model)的简称。第一个数表示模型的阶次,这里 1 即 1 阶;第二个数表示变量的数目,这里 n 即 n 个变量,1 即一个变量。

GM(1,n) 模型的形式是 1 阶 n 个变量的微分方程。理论上说,由于方程中含灰数,方程的个数不是一个,表示式为

$$\frac{\mathrm{d}x_1^{(1)}}{\mathrm{d}t} + ax_1^{(1)} = b_1 x_2^{(1)} + b_2 x_3^{(1)} + \cdots + b_{n-1} x_n^{(1)} \tag{11.35}$$

GM(1,n) 中 n 等于 1 时即 GM(1,1) 模型,它是灰色系统预测中常见的模型,其白化形式及使作步序为

a. 设变量 $x^{(0)} = \{x^{(0)}, (1), x^{(0)}(2), \cdots, x^{(0)}(n)\}$ 经一次 AGO 处理得到

$$x^{(1)} = \{x^{(1)}(1), x^{(1)}(2), \cdots, x^{(1)}(n)\} \tag{11.36}$$

得 GM(1,1) 模型为

$$\frac{\mathrm{d}x^{(1)}}{\mathrm{d}t} + ax^{(1)} = u \tag{11.37}$$

b. 设 $\hat{a} = \begin{bmatrix} a \\ u \end{bmatrix}$ 为待辨识参数列。设

$$\boldsymbol{y}_n = \begin{bmatrix} x^{(0)}(2) \\ x^{(0)}(2) \\ \vdots \\ x^{(0)}(2) \end{bmatrix} \tag{11.38}$$

$$\boldsymbol{B} = \begin{bmatrix} -\frac{1}{2}[x^{(1)}(1) + x^1(2)] & 1 \\ -\frac{1}{2}[x^{(1)}(2) + x^1(3)] & 1 \\ \vdots & \vdots \\ -\frac{1}{2}[x^{(1)}(n-1) + x^1(n)] & 1 \end{bmatrix} \tag{11.39}$$

c. 根据最小二乘法,有

$$\hat{a} = (\boldsymbol{B}^{\mathrm{T}} \boldsymbol{B})^{-1} \boldsymbol{B}^{\mathrm{T}} \boldsymbol{y}_n \tag{11.40}$$

d. 模型解为

$$\hat{x}^{(1)}(k+1) = \left[x^{(0)}(1) - \frac{u}{a}\right] e^{-ak + \frac{u}{a}} \quad (11.41)$$

如此,可对一个序列进行预测,其特点是所用数据少,有 4 个以上历史数据即可。GM(1,1) 模型从形式上说是趋势外推预测,但加上灰平面分析后,其预测可靠性可得到提高。灰色预测方法中还有许多灵活运用 GM(1,1) 模型的具体方法,大大拓宽了 GM(1,1) 模型的应用领域。

6) 灰色系统总体协调仿真模型。多个 GM(1,n) 模型按其因果关系连接起来,就是总体协调仿真模型,可试验系统的各种输入情况下的发展态势。

2. 灰色决策分析在后勤保障决策中的应用

未来信息化战争中,作战双方相互常常以假信息、假目标和假攻击展示给对方,导致作战双方不可能完全获得战场信息。在这种不完全了解战场的信息状况下,如何知己知彼,行使有效后勤保障成为后勤保障决策的一个重要问题。灰色决策分析就是针对战场中的信息部分是已知,但部分信息却是未知的"小样本""贫信息"的不确定系统,通过对部分已知信息的生成,开发实现战场的确切描述认识,从而为高效的后勤保障提供契机。在实际运用中,可依据不同情况分别运用各种灰色决策分析法来处理后勤保障决策中所遇到的问题。

# 本 章 小 结

孙子曰:水因地而制流,兵因敌而制胜。故兵无常势,水无常形,能因敌变化而取胜者,谓之神。在后勤保障问题的实际决策应用中,无论采取本章中提到的后勤保障辅助决策方法,还是采取其他方法,都应遵循问题的实际情况,从实际出发分析问题,确定合适、科学的决策方法。

# 参 考 文 献

[1] 丁继华.军队后勤现代化管理总论[M].吉林:吉林音像出版社,2003.
[2] 张最良.军事运筹学[M].北京:军事科学出版社,1993.
[3] 张莹.运筹学基础[M].北京:清华大学出版社,1994.
[4] 王明明.运筹与决策基础[M].北京:中国林业出版社,2001.
[5] 孙荣恒.排队论基础[M].北京:科学出版社,2002.
[6] 陈海宴.基于 M/M/1/N 排队模型阻塞概率的分析[C]//第六届中国青年运筹与管理学者大会论文集.秦皇岛:[出版者不详],2004.
[7] 岳钦.决策行为研究与行为决策的实证分析[D].武汉:华中科技大学,2003.

[8] 许树伯.实用决策方法:层次分析法原理[M].天津:天津大学出版社,1988.

[9] 冯重庆.模糊综合评判结果排序的新思路[C]//2001年军事运筹学年会论文集.西安:[出版者不详],2001.

[10] 李成.神经网络系统理论[M].西安:西安电子科技大学出版社,1992.

[11] 靳蕃.神经网络与神经计算机原理·应用[M].西安:西安交通大学出版社,1991.

[12] 杨亚伟.BP算法优化及应用研究[J].计算机科学,2005,32(8):15-18.

[13] 罗党.灰色决策问题分析方法[M].郑州:黄河水利出版社,2005.

[14] 承泓良.灰色系统与应用[M].南京:江苏科技出版社,1989.

[15] 陈有为.灰色预测在军事的应用[C]//2001年军事运筹学年会论文集.西安:[出版者不详],2001.

# 第12章 常规导弹力量后勤保障指挥决策支持模型

## 12.1 引 言

为保证联合作战中的常规导弹力量后勤保障无论遇到哪种作战样式,都可以始终保持与作战力量同步反应、一体联动,实现作战力量机动到哪里,后勤保障就到哪里的需要,本章根据多方向、大纵深、全程保障和快速反应的保障要求,结合第11章的有关方法对后勤保障决策问题建立相应的决策支持模型[1-2],以期把后勤保障任务中相互影响因素与系统目标(效果衡量指标)的关系,用数学关系式和逻辑法则描述出来,实现对现实状况的模拟,达到预测后勤保障任务量和从多种方案中选择目标、措施和机会以拟定最佳方案的目的,为最大限度地合理使用军事资源提供决策依据。

## 12.2 常规导弹力量后勤保障决策分析模型

### 12.2.1 后勤保障量的不确定决策分析模型

1. 问题描述

一线多个常规导弹作战单元由于作战任务重,物资消耗超过预需量,急需一批物资增补。在这种情况下常规导弹作战单元后勤保障部门向常规导弹力量后勤指挥机构提出增拨物资的请求。常规导弹力量后勤指挥机构得到消息后马上做出决定,立即向一线作战单元调运物资,并拿出相应三个保障方案,即超预计量供给物资、按预计量供给物资和按实际需要量供给物资。由于敌方对我方后勤保障供给线进行不间断地袭扰,有可能对我方物资供给造成很大的破坏。针对这种形势,常规导弹力量后勤保障决策机构如何从三种方案中挑选出军事效益最佳的方案实施。

2. 决策条件

战场对物资保障的需求也有三种可能的状态:需求量较大、需求量中等和需求量较小。

经估计,采用第$i(i=1,2,3)$种方案而实际发生第$j(j=1,2,3)$种状态时,发生的状况值为保障效益参数$a_{ij}$,参数的大小与后勤保障效果成正比,见表12.1。

表 12.1　物资需求量与供给量及其对应的保障效益参数

| 方　案 | 参　数 | | |
|---|---|---|---|
| | 需求量较大 | 需求量中等 | 需求量较小 |
| 方案1:超预计量供给物资 | 50 | 20 | −20 |
| 方案2:预计量供给物资 | 30 | 25 | −10 |
| 方案3:实际需要供给物资 | 10 | 10 | 10 |

3. 决策的解

决策论要解决的问题是根据所获得的环境信息(往往是不确定的),从一组备选方案中选择最满意的方案,后勤保障决策人员在确定方案时遇到的正是这样的问题。决策理论中广泛采用的决策模型基本结构,可表述为如下形式[3]:

$$W_{ij} = f(A_i, \theta_j), \quad i=1,2,\cdots,I(I \geqslant 2), \quad j=1,2,\cdots,J(J \geqslant 2) \quad (12.1)$$

式中,$W_{ij}, A_i, \theta_j$体现了决策分析问题的3个要素。$A_i$为决策者的第$i$种策略或第$i$种方案,属于决策变量,是决策者的可控因素;$\theta_j$为决策者和决策对象(决策问题)所处的第$j$种环境条件或第$j$种自然状态,属于状态变量,是决策者不可控制的因素;$W_{ij}$为决策者在第$j$种状态下选择第$i$种方案的结果,是决策问题的价值函数值,一般叫益损值或效用值。

决策者对将要发生的自然状态概率一无所知,此时决策者依其个性不同而使用不同的决策准则做出决策,例如用"坏中取好"准则,则决策者首先考虑每种方案中的最不利情况:方案1的最小收益是−20;方案2的最小收益是−10;方案3的最小收益是10;然后再从这些最不利的情况中取最好的方案,据此,应选方案3。

### 12.2.2　后勤保障方式的决策树模型

1. 问题描述

联合作战中,常规导弹作战力量所属某作战单元在作战中需要物资补充,作战单元不仅深入敌火力突击范围,而且远离本系统后勤供给仓库,如果本系统保障的保障效益分高、中、低三种情况,那么只有在本系统保障效益最大化的前提下才可能满足作战单元的保障需要。另外,有一种情况是联合作战中的友邻单位后勤仓库却相对较近,保障相对有利,但是和自行保障优势并不明显。在这种形势下,常规导弹后勤决策机构对是选择自行保障,还是选择友邻单位保障进行研究,以便将敌破坏的可能减到最低点,成功保证作战单元的保障需要。

2. 决策条件

假设现在保障有两种途径,一是改变保障策略自行保障,其成功率为 0.6,二是依靠友邻单位后勤进行支援,其成功率为 0.8。不论自行保障还是友邻单位保障,根据战场发展预测,估计今后几天内对物资的需要量下降可能性是 0.2,保持中等需要量的可能性是 0.5,增大需要量的可能性是 0.3。通过计算,得到各个方案在不同需要量的情况下的益损值,见表 12.2。

表 12.2 保障方案及益损值表

| 保障状态 | 按原何障方案 | 益损值 | | | |
|---|---|---|---|---|---|
| | | 友邻单位保障成功(0.8) | | 自行保障成功(0.6) | |
| | | 保障能力不变 | 保障能力增加 | 保障能力不变 | 保障能力增加 |
| 需要量增加(0.3) | 150 | 500 | 700 | 500 | 800 |
| 需要量中等(0.5) | 10 | 250 | 400 | 100 | 300 |
| 需要量下降(0.2) | −100 | 0 | −200 | 0 | −200 |

3. 决策过程

这是一个多级决策问题,分三步进行求解[4-5]。

第一步:根据题意,画出决策树(见图 12.1)。最后一级决策是一次性风险决策,需要确定决策的效用函数,假设效用函数为

$$U_{(x)} = 0.3070 + 1.2323 + \ln\left(\frac{X+200}{1000+0.8}\right) \tag{12.2}$$

用式(12.2)把物资需要量转换成效用值标在需要的后面。

第二步:用反推法进行计算。

从决策树的最右端开始,用公式

$$H_i = \sum_{j=1}^{3} U(x_{ij}) P_j \tag{12.3}$$

计算机会节点 8 至 13 的效用值,并填入相应的节点中,得到第一次简化的决策树,如图 12.2 所示。

从图 12.2 所示的决策树的方案分枝中,选择合意度最大的数值填入对应的四个决策点中,得到如图 12.3 所示的第一级决策结果。从图中可以看出,第一级的决策结果是第二级各备选方案的条件结果值的效用函数值。

计算机会节点的期望效用值得到第二级两个备选方案的合意度,如图 12.4 所示。

第三步:最终确定方案。比较友邻保障和自行保障两个方案的合意度。由

$$H_i = \sum_{j=1}^{2} U(x_{ij}) P_j \tag{12.4}$$

得到友邻保障合意度为

$$H_1 = 0.587\ 3$$

因其显著大于自行保障方案的合意度

$$H_2 = 0.504\ 9$$

故应采取友邻保障的决策。

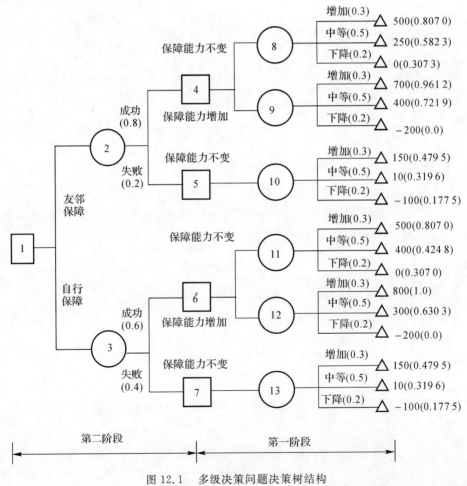

图 12.1　多级决策问题决策树结构

# 第12章 常规导弹力量后勤保障指挥决策支持模型

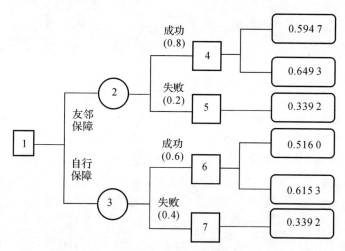

图 12.2  多级决策问题第一次简化的决策树

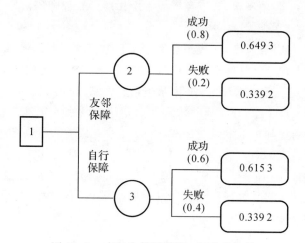

图 12.3  多级决策问题第一级决策结果

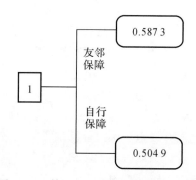

图 12.4  第二级两个备选方案的合意度

# 12.3 常规导弹力量后勤保障需求预测模型

## 12.3.1 作战保障经费需求量预测模型

1. 问题分析

作战经费需求量是衡量作战消耗的重要指标,也是联合作战中常规导弹力量后勤指挥员乃至联合后勤根据关注的一个重要问题,我军的作战经费是指正常经费以外因作战需要增加的专用经费。为了科学合理地确定作战经费的总需求,后勤保障的有关计划人员需要在作战开始阶段对联合作战中常规导弹力量的各项作战经费进行分项概算,以便为作战经费的筹措提供重要依据。作战经费需求量预测,主要是根据预计的各专业保障任务量,分别计算本次作战后勤保障所需的各项经费,包括作战物资预计消耗、参战人员生活补助、军事运输、后勤器材购置以及作战专项物资购置等各项经费,并汇总生成本次作战后勤保障所需经费总量[6]。

2. 决策条件

根据我军现行财务制度,作战经费需求量预测应当按照开支项目进行分项预算,再按照经费类别进行分类合计。作战物资消耗经费,按照经费供应标准,对各类作战物资分别进行分类预算;参战人员生活补助费,以参战人员总数为标准进行概算,其中包括人员生活补贴、战时伙食补助和伙食灶别差价这3个补助项目;军事运输费,按运输每吨·千米经费标准,区分运输方式进行分类预算;后勤器材购置费,按照经费供应标准,根据各类后勤器材购置量进行经费预算。

作战经费的预测需要按照规定的概算方法和预先确定的经费供应标准来进行。作为决策问题,它具有规范化程度高的特点。在建立作战经费需求量预测模型中需要着重解决的是各类作战经费预算方法的规范化表示问题。这里主要采用数学方法来描述作战经费需求量预测模型中的主要算法步骤。

3. 模型建立

根据"分项合计,分类汇总"的处理原则,作战经费需求量预测模型的主要算法步骤可以表述为考虑高技术条件下联合战役的实际情况,拟建立如下加权比例函数预测模型。所谓加权预测,是指在分别预测出各类经费需求量的基础上,加权得出联合战役经费总需求量,即

$$M = M_t + M_h + M_k + M_r \qquad (12.5)$$

式中,$M$ 代表联合战役中常规导弹力量经费总需求量;$M_t$ 代表作战物资消耗预算经费总需求量;$M_h$ 代表参战人员生活补助费预算经费总需求量;$M_k$ 代表军事运输经费总需求量;$M_r$ 代表后勤器材购置费预算经费总需求量。

目前在战役经费的各类供应标准尚未制定出来时,对各项经费可采取比例预

测法,即以各种经费的当年预算开支数为基础,按各种经费在战争中使用所占的比例,并充分考虑影响战役经费需求量的各种因素,概算出每种经费的追加量,再加上当年经费预算开支数,即为该种经费的战役需求量。模型为

$$M_X = M_{x0} + M_{x1}\frac{M_{x0}Q_{xl}T_l}{Q_xT}(1+K_x) \tag{12.6}$$

式中,$M_X$ 代表某项战役经费总需求量;$M_{x0}$ 代表某项经费的当年预算开支数;$M_{x1}$ 代表某项战役经费的追加量;$Q_x$ 代表军队总员额;$T$ 代表全年月数;$Q_{xl}$ 代表参战部队人数;$T_l$ 代表参战的月数;$K_x$ 代表某项战役经费追加系数。

比例预测法最主要的是确定各种因素对战役经费追加量的影响程度,即确定追加系数 $K_x$,人们常采用经验法预测,现提出运用加权函数进行预测。模型为

$$K = K_{x_1}^{w_1} + K_{x_2}^{w_2} + \cdots + K_{x_i}^{w_i} \cdots + K_{x_n}^{w_n} = \sum_{i=1}^n K_{x_i}^{w_i} \tag{12.7}$$

式中,$K_{xi}$ 表示某种影响因素的影响程度,矢量表示追加量的增加和减少;$n$ 表示影响因素的数量;$w_i$ 表示第 $i$ 个影响因素的权重。

加权比例函数预测模型充分考虑了联合战役的实际情况,对各类经费分别预测,加权概算,预测出的需求量相对较准确;同时弥补了现有预测方法的不足,特别是对影响比例因素的考虑,提出了加权比例函数预测模型,体现了影响联合战役经费需求量因素的复杂性。

### 12.3.2 常规导弹力量减员率预计模型

1. 问题分析

参战人员由于受到武器的杀伤作用及意外伤害、生病等原因,失去作战能力而离开所属作战单位,导致作战人员减少,称之为减员。减员率,即伤亡人数占参战总人数的比例。通常以百分数表示,是反映参战单位卫生减员情况的一个重要指标,也是拟制卫勤保障计划的重要依据。从战争历史经验看,战、伤、阵亡和疾病历来是战时减员发生的主要原因,因而,减员率的预计在整个卫生保障预计中占有相当重要的地位。常规导弹力量后勤保障在对联合作战中可能发生的减员情况进行预计时,通常要着重掌握参战单位战时可能出现的总减员率、伤亡率、伤员率、阵亡率、轻伤率和重伤员率等一些重要的参数。分析研究减员率发生规律,才能有预见地进行减员预计,拟订符合实际的卫勤保障计划,合理地分配和使用卫勤力量。

2. 决策条件

减员率包含两个因素:伤亡率和疾病减员率,即

减员率＝伤亡率＋疾病减员率

(1)战时参战单位伤亡率预计规则。通过对以往历次战争伤亡率经验数据的分析研究,并参考中外有关研究成果,结合未来战争发展趋势,归纳总结了战时参

战单位伤亡率预计规则如下：

1）人员伤亡率主要取决于作战双方的战斗力比值。对伤亡率起重要影响的战斗力构成因素主要包括武器装备水平、人员素质、战场情报收集与处理能力、作战指挥与控制能力等。

2）人员伤亡率与参战单位担负的作战任务密切相关。对伤亡率起重要影响的有关作战因素主要包括作战样式、参战次数和作战持续时间等。

3）人员伤亡率与战场环境条件密切相关。对伤亡率起重要影响的有关环境因素主要包括地形、天候（季节、气象和水文）等。

4）人员伤亡率与参战单位规模以及敌我兵力对比情况密切相关。

5）人员伤亡率的大小与战斗力比值成反，即我方对敌方的战斗力比值越高，则我方的伤亡率越低。

6）人员伤亡率的大小与作战强度（主要取决于作战任务规定的作战样式）成正比，即作战强度越高，则我方的伤亡率越高。

7）人员伤亡率的大小与战场环境条件对我方作战运用的不利程度成正比，即若战场环境条件（地形、气象等）不利于我方战斗力的发挥（尤其是武器装备战技性能以及战场情报收集能力），则我方伤亡率趋于上升。

8）人员伤亡率的大小与参战单位规模成反比，即通常况下，参战单位规模越大，则伤亡率越低；反之，参战单位规模越小，则伤亡率越高。

(2) 战时参战单位疾病减员率预计规则。疾病减员率，即疾病减员人数占参战人数的比率，通常以百分数表示，是反映参战部队疾病减员情况的一个重要指标。有关昼夜疾病减员率的预计规则归纳总结如下：

1）致战时昼夜疾病减员率上升的主要原因，是战场生存环境及人员生活条件发生了显著的变化。

2）昼夜疾病减员率的上升幅度与战场生存环境的恶化程度成正比。

3）昼夜疾病减员率上升幅度与战场生活条件的下降程度成正比。

3. 模型建立

根据以上原理，就可以对联合作战中常规导弹力量在联合作战中的伤亡率建立如下的预计模型：

$$减员率 = 伤亡率 + 总疾病减员率 \tag{12.8}$$

(1) 预计各常规导弹力量在联合作战中的伤亡率为

$$伤亡率 = 标准伤亡率 \times \frac{作战强度系数 \times 战场环境对我不利程度}{战斗力比值 \times 兵力规模比值} \tag{12.9}$$

式中，标准伤亡率指同类型同等规模战役单位在历次战役中的平均伤亡率。

$$伤亡总数(人) = \sum_i \sum_j (伤亡率 \times 参战人员编制数) \tag{12.10}$$

$$参战人员总数 = \sum_i (参战人员编制数) \tag{12.11}$$

## 第12章 常规导弹力量后勤保障指挥决策支持模型

(2)在以上的模型中,各项指标值的历史战争伤亡率的经验数据统计为[7]

$$标准伤亡率 = \begin{cases} 10\% \pm 5\%, & 师级(\times 万人左右) \\ 8\% \pm 3\%, & 集团军级(\times 万人左右) \\ 5\% \pm 2\%, & 方面军级(\times 万人以上) \end{cases}$$

$$作战强度系数 = \begin{cases} 大于1,小于2, & 高强度 \\ 1, & 中等强度 \\ 大于0.1,小于1, & 低强度 \end{cases}$$

$$战场环境对我方不利程度 = \begin{cases} 大于1,小于2, & 不利 \\ 1, & 一般 \\ 大于0.1,小于1, & 有利 \end{cases}$$

战斗力值比(我方对敌方)为客观变量,可通过战斗力相对效能指数的定量评估模型求出,也可视为分析型主观变量,为

$$战斗力比值 = \begin{cases} >1, & 敌弱我强 \\ =1, & 敌我相当 \\ <1, & 敌强我弱 \end{cases}$$

兵力规模比值(我方对敌方)为客观变量,可通过定量计算方法求出为

$$兵力规模比值 = \frac{我方兵力规模}{敌方兵力规模} \tag{12.12}$$

由于现代战争和以往战争有着很大的区别,另外由于常规导弹力量伤亡率可首先根据联合作战中战场环境空前恶化,常规导弹力量将作为敌方重要打击目标等不利因素进行分析,然后考虑常规导弹力量本土作战、部署分散、高度机动和防护较好的特点,所以在以往的基础上,综合分析后对现代信息条件下的联合作战中常规导弹力量伤亡模型中的系数提出以下数据:

1)标准伤亡率为:7%～9%。
2)作战强度系数:2,高强度。
3)作战环境对我不利程度:1,一般。
4)战斗力比值:1,敌我相当。
5)兵力比值:1,同等规模。

(3)预计参战部队疾病减员率。昼夜疾病减员率及疾病减员率后计算模型如下:

$$昼夜疾病减员率 = 平时昼夜送院率 \times 战场环境恶化程度影响系数 \times$$
$$人员生活条件下降程度影响系数 \tag{12.13}$$

$$疾病减员率 = 昼夜疾病减员率 \times 预计作战持续时间(天数) \tag{12.14}$$

在以上的模型中,平时昼夜送院率为经验数据,其经验值可根据平时的统计结果取值为0.03%。模型中的其他系数说明如下:

1)战场环境恶化程度影响系数为判断型主观变量,其取值范围为1～2。
2)人员生活条件下降程度影响系数为判断型主观变量,其取值范围为1～2。

3) 预计作战持续时间(天数)为客观变量,可从作战计划或方案中预先得知。

4. 算例

本节以联合作战中常规导弹力量参战 2.5 万人的规模,以 15 天的战役实施时间,对常规导弹力量战役集团伤亡总数进行计算。

$$部队伤亡率 = 标准伤亡率 \times \frac{作战强度系数 \times 战场环境对我不利程度}{战斗力比值 \times 兵力规模比值} =$$

$$9\% \times \frac{2 \times 1}{1 \times 1} = 0.18$$

疾病减员率 = 昼夜疾病减员率 × 预计作战持续时间(天数) =

$$0.03\% \times 1.5 \times 1.5 \times 15 = 0.010\ 125$$

部队减员率 = 伤亡率 + 总疾病减员率 = 0.18 + 0.010 125 = 0.190 125

$$伤亡总数 = \sum_i \sum_j (减员率 \times 参战人员编制数) =$$

$$0.190\ 125 \times 25\ 000(人) \approx 4\ 753(人)$$

联合作战中常规导弹力量伤亡人数预计将达到 4 753 人。

### 12.3.3 后勤专业保障任务量预测模型

1. 问题分析

常规导弹力量后勤保障任务是对作战中常规导弹力量后勤保障承担专业保障任务的统称,它是拟制常规导弹力量后勤保障计划的重要依据。为统筹安排各项常规导弹力量后勤保障工作和组织实施后勤支援,联合作战中常规导弹力量后勤机构不仅要及时地保障作战力量的需要,同时要对战时各项专业勤务保障任务的总体情况做出科学预测。根据后勤保障的任务要求,将后勤保障任务分为物资供应、医疗救护和运输等内容,分别建立各专业勤务保障任务量的预测模型。

2. 决策条件

(1)物资供应保障任务量预测。主要包括两方面的内容:一是根据战时作战物资消耗量,确定各类作战物资的供应需求量,预测范围包括油料、给养、被装、战救药材和维修器材等;二是根据战时后勤专业保障需要、后勤力量编组以及后勤装备器材的战时编制、使用与消耗规律等情况,确定各类后勤装备器材的配发量。预测包括油料器材、药材器械、野营物资、野战炊事装备、供水设备、特制军服以及其他各类后勤装备器材。

(2)医疗救护任务量预测。主要是根据预计的卫生减员率来预测部队可能发生的伤员人数、轻重伤员人数和病员人数。

(3)运输任务量预测。主要是根据物资供应预计量、预计发生伤病员人数以及部队集结与机动计划,预测物资前送、伤病员后送以及部队输送等各项运输任务量。

3. 模型建立

(1) 作战物资需要量预测模型。联合作战中常规导弹力量物资需要量主要包括战役预计消耗量和预计战损量这两个部分,此外还要考虑到一定的机动量。对各类作战物资而言(油料、给养、被装、战救药材、维修器材等),有如下预计公式:

$$\text{各类作战物资需求量} = \text{战役预计消耗量} \times (1 + \text{战损率} + \text{机动率}) \quad (12.15)$$

式中,机动率为判断型主观变量,通常在30%以内。

(2) 后勤装备器材增配量预测模型。后勤装备器材增配量主要根据后勤装备器材(包括油料器材、药材器械、野营物资、野战炊事装备、供水设备、特制军服以及其他各类后勤装备器材)的战时编制数(或战时需求量)与现有装备实力的差额来确定。

1) 各部队的后勤装备器材增配量计算公式如下:

$$\text{后勤装备器材增配量} = \max(\text{战时编制数}, \text{战时需要量}) - \text{现有装备实力} \quad (12.16)$$

2) 联合作战中常规导弹力量后勤装备器材需要总量计算公式如下:

$$\text{后勤装备器材需要量} = \sum i (\text{各部队后勤装备器材增配量}) \quad (12.17)$$

式中,$i$ 所指部队范围包括作战部队和后勤保障部(分)队。

后勤装备器材的战时编制数取自战时后勤装备编制表;战时需要量根据战时后勤保障任务需要事先予以确定,其中有的可通过一定规则计算得出,有的须由人工进行综合分析判断,可视为分析型主观变量。

(3) 医疗救护任务量预测模型。

1) 伤员人数预计计算公式如下:

$$\text{伤员总数}(人) = \sum i \sum j (\text{伤员率} \times \text{人员编制数} \times \text{参战次数}) \quad (12.18)$$

$$\text{重伤员人数} = \text{伤员总数} \times \text{重伤员率} \quad (12.19)$$

$$\text{轻伤员人数} = \text{伤员总数} \times \text{轻伤员率} \quad (12.20)$$

2) 病员人数预计数计算公式如下:

$$\text{病员总数}(人) = \text{疾病减员率} \times \sum i (\text{人员编制数}) \quad (12.21)$$

3) 伤病员总数预计计算公式为

$$\text{伤病员总数}(人) = \text{伤员总数} + \text{病员总数} \quad (12.22)$$

(4) 运输任务量预测模型。

1) 运输总量的预计。物资运输量采用吨为单位计算。其中,油料、给养、被装、战救药材和维修器材等各类物资运量,按如下通用公式分别预计,各类物资运输量之和为物资运输总量,即

$$\text{各类物资运量}(t) = \sum i (\text{需求量} \times \text{标准重量}) \quad (12.23)$$

$$\text{物资运输总量}(t) = \sum k (\text{各类物资运量}) \quad (12.24)$$

式中,$i$ 为物资品种;$k$ 为物资类别。

2) 作战中运输量的预计。

a. 物资前送量。

$$各类物资运总量(t) = \sum i[(需求量 - 战役储备量) \times 单项重量标准 \times 前送因子] \tag{12.25}$$

$$物资运输总量 = \sum k(各类物资运量) \tag{12.26}$$

式中,$i$ 为物资品种;$k$ 为物资类别;前送因子可取 0 和 1,取 0 时为无须前送(通过就地筹措解决,如主副食等),取 1 时表示由战略后方前送。

b. 病员后送量(战区至战略后方)。有两种计算方法,一种是根据各级医疗机构的任务区分进行预计(超过两个月才能治愈者,由战区医院后送至战略后方医院),即

$$伤病员后送量(人) = 伤病员总数 \times 重伤病员率 \tag{12.27}$$

另一种是根据战区医院的收治能力进行预计(超过战区医院收治能力范围的那部分伤病员,后送至战略后方医院),即

$$伤病员后送量(人) = 伤病员总数 - 战区医院收治能力(人) \tag{12.28}$$

这里采用综合计算法,取两者中之最大值,即

$$伤病员后送量(人) = \max 伤病员总数 \times 重伤病员率 + (伤病员总数 - 战区医院收治能力) \tag{12.29}$$

式中,重伤病员率是系指超过两个月才能治愈者在整个伤病员中所占比例,可视为判断型主观变量,取值通常不大于重伤员率。

c. 部队输送量。部队输送量分别按需要输送的作战人员数量和需要输送的武器装备数量(主要以需要输送的武器单元数进行计量)进行预计,即

$$人员输送量(人) = \sum i(人员编制) \tag{12.30}$$

$$武器装备输送量(武器单元数) = \frac{人员输送量(人)}{人员编制标准 \times \frac{人}{武器单元}} \tag{12.31}$$

式中,$i$ 为等待输送的执行机动与集结任务的各参战部队,部队输送量(常规导弹力量)是指经折算后的部队数量(含导弹武器单元数)。

## 12.4 常规导弹力量后勤保障决策优化模型

### 12.4.1 后勤保障仓库布局优化模型

联合作战中常规导弹力量后勤仓库是后勤物资再分配的重要组成部分,是连接物资补充和消耗的纽带,是实施"精确后勤"的重要平台。本节运用运筹学的 5 种方法对后勤仓库的选址进行建模[8-10]。

## 第12章 常规导弹力量后勤保障指挥决策支持模型

1. 问题描述

联合作战中常规导弹力量后勤仓库选址决策目标体系应围绕空间距离、生存能力和成本等方面进行分析。对于联合作战中常规导弹力量后勤仓库建设项目的选址目标可以从以下五方面来分析：

(1)距需求点距离最近。不同的工程保障设施具有不同的需求点，常规导弹力量是作战部队，其需求点是战斗集结地，是距离常规导弹发射阵地最近的地方。

(2)距后勤补给点距离最近。后勤补给点是指为新扩建单位提供油料、弹药、医疗及军需等用品的仓储及采购供应点。

(3)距居民区或旅游风景点最远。战时，仓库已成为敌方重点攻击目标。为避免危及平民生命安全，军队工程应尽可能远离居民区或旅游风景点。

(4)生存概率最大。军队工程设施的选址要有利于采取隐蔽、伪装和防护等反侦察、抗打击措施。地形、地貌和地物等因素与设施被发现和毁伤有着密切联系，可以通过工程设施的反侦察性和抗打击能力来估计设施的生存概率。

(5)全寿命周期费用最低。工程设施全寿命周期费用主要包括征地、拆迁补偿、勘察设计、前期工程、地基处理、建筑安装、附属配套工程和维修维护等成本。

上述目标(1)~(3)反映了后勤仓库选址的空间距离属性，目标(4)和(5)反映了后勤仓库选址的自然环境和建设成本属性。

2. 约束条件

后勤仓库布局优化受到以下约束：

(1)到达需求点的时间约束。战时部队必须在规定的时间内准时进入集结阵地。

(2)后勤补给的时间约束。战时后勤补给必须在规定的时限内完成。

(3)建设区域面积约束。选址点面积应满足项目建设用地最小需求，且平均地表坡度小于某个极限值。可以依据军队工程项目建设规模计算建设用地面积，军港还需要确定水域面积。陆域面积可以根据建设规模和容积率计算，水域面积可以根据驻泊舰艇的数量、舰艇转弯半径等要求计算。

(4)地质约束。依据选址区域内岩石、碎石土、砂土、老黏性土、一般黏性土、淤泥和淤泥质土和黏性素填土等各类土质分布情况，从给定的地基基础设计资料库内，查找出选址点相应的最小容许承载力。

(5)生存概率约束。可能通过分析选址点的地形地貌，采取相应的隐蔽、伪装手段后，由专家评估来计算选址建设项目的生存概率。

(6)成本约束。应科学测算各选址点建设成本，估计过高可能超过投资能力，估计过低将会发生超支，甚至出现停工问题。

3. 后勤仓库布局优化建模

(1)后勤仓库布局多目标决策模型。在联合作战中常规导弹力量后勤指挥机构对后勤仓库的选址中,应综合考虑联勤后勤供应基地与后勤仓库、后勤仓库与旅、团间的运输里程、运输时间、运输安全性(道路周围的自然情况、抗击打能力和损伤后的修复可能性等)及运输耗费等多种因素,将这些制约因素看成优化目标,运用多目标决策法对多条道路比较,选择比较合适的仓库地址。将运输里程、运输时间、运输风险和运输耗费4个具有不同性质和重要性的目标,换算成统一的量度求解,即道路选优的评价模型为

$$P_{ij} = W_l L_{ij} + W_t T_{ij} + W_r V_{ij} + W_e C_{ij} \tag{12.32}$$

式中,$P_{ij}$为每段道路综合代价;$W_l, W_t, W_r, W_e$为运输里程、时间、风险及耗费的权重系数,$0 < W_l, W_t, W_r, W_e < 1$,且$W_l + W_t + W_r + W_e = 1$;$L_{ij}$为里程度量,表示$ij$段道路里程的长短程度;$T_{ij}$为时间度量,表示在$ij$段道路所用运输时间;$V_{ij}$为风险性度量,由$ij$段道路的道路等级(高速公路、国道、省道或县道等)、气候情况(炎热、严寒、多雨或多雾)、地形情况(山地、丘陵或平原)、战时可利用程度等因素决定;$C_{ij}$为耗费度量,由一定的车型在$ij$路段上的燃料消耗和后勤保障情况(车辆修理、加油站、饮食供应和住宿安排)等因素决定。

根据运筹学原理可知,应以每段道路的$P_{ij}$值作为最小代价进行求解,然后采用具有最小代价的各路段组成的路线来确定仓库地址。

(2) 后勤仓库布局目的规划法模型。目的规划法是对方案中的不同目标设立不同的目的值,然后通过数学模型求解,使求解的结果与原来的目的值差值最小。设联合后勤供应点的供应量分别为$W_i$,每吨·千米运费为$C_e$,后勤仓库到各联合后勤物资供应点的坐标为$x_i, y_i$,则运输总费用

$$C(x,y) = \sum_{i=1}^{n} \{C_e K W_i [(x_i - x)^2 + (y_i - y)^2]^{\frac{1}{2}}\} \tag{12.33}$$

式中,$x, y$为后勤仓库的坐标位置;$K$为计算次数。使评价函数$C(x,y)$达到最小的解,就是多目标方案的最优解。取

$$I = \sum_{i=1}^{n} \{C_e W_i / [(x_i - x)^2 + (y_i - y)^2]^{\frac{1}{2}}\} \tag{12.34}$$

$$F = \sum_{i=1}^{n} \{C_e W_i y_i / [(x_i - x)^2 + (y_i - y)^2]^{\frac{1}{2}}\} \tag{12.35}$$

$$E = \sum_{i=1}^{n} \{C_e W_i x_i / [(x_i - x)^2 + (y_i - y)^2]^{\frac{1}{2}}\} \tag{12.36}$$

则

$$\begin{cases} \frac{\partial C}{\partial x} = 0 \\ \frac{\partial C}{\partial y} = 0 \end{cases}, \begin{cases} x = \frac{E}{I} \\ y = \frac{F}{I} \end{cases} \tag{12.37}$$

(3) 后勤仓库布局线性规划模型。设目标函数为总费用$C$最小,即

$$\min C = \sum_{i=1}^{n}\sum_{j=1}^{m}(C_j^m + h_{ij})X_{ij} \tag{12.38}$$

式中,$C_j^m$ 为第 $j$ 个后勤仓库平均每吨的储存费用;$h_{ij}$ 为第 $i$ 个联合后勤供应点送往第 $j$ 个后勤仓库的每吨往返运输费;$X_{ij}$ 为第 $i$ 个联合后勤供应点运往第 $j$ 个后勤仓库的物资吨数;$n$ 为各联合后勤供应点所在地点数,$i=1,2,\cdots,n$;$m$ 为后勤仓库所在的地点数,$j=1,2,\cdots,m$。

$$\left.\begin{aligned}\sum_{j=1}^{m}X_{ij}=A_i\\ \sum_{i=1}^{n}X_{ij}=B_i\end{aligned}\right\} \tag{12.39}$$

式中,$A_i$ 为第 $i$ 个联合后勤供应点的输送物资的吨数;$B_i$ 为第 $j$ 个后勤仓库储存货物的能力。

分析上述数学模型可以看出,只要知道常规导弹力量后勤仓库和联合后勤供应点的位置、货物储存能力、运送吨数及储存每吨所需的费用,就可以利用目标函数求出仓库布局的最优方案。

(4) 后勤仓库布局重心法模型。重心法是一种布置单个设施的方法,这种方法要考虑现有设施之间的距离和要运输的货物量,它经常用于中间仓库的选择、在最简单的情况下,这种方法假设运入和运出成本是相等的。重心法首先要在坐标系中标出各个地点的位置,目的在于确定各点的相对距离,坐标系可以随便建立在选址中,经常采用经度和纬度建立坐标,然后根据各点在坐标系中的横、纵坐标值,求出成本运输最低的位置坐标 $X$ 和 $Y$。

这里,重心法是把联合后勤供应点向仓库运输费用和分发各旅、团费用作为主要因素,根据重心原理确定仓库的合理位置,则重心 $O(x,y)$ 的坐标为

$$X_O = \frac{\sum_{i=1}^{n}W_iX_i}{\sum_{i=1}^{n}W_i}, \quad Y_O = \frac{\sum_{i=1}^{n}W_iY_i}{\sum_{i=1}^{n}W_i} \tag{12.40}$$

其中,$X_O$ 为仓库的横坐标;$Y_O$ 为仓库的纵坐标;$X_i,Y_i$ 是第 $i$ 个联合后勤供应点供应地的坐标位置;$n$ 是主要联合后勤供应点数目;$W_i$ 是联合后勤供应点最大供应量$(i=1,2,\cdots,n)$。

(5) 后勤仓库布局综合系统分析法。为了全面综合评定联合作战中常规导弹力量后勤仓库的选择,对于含有很多定量和定性因素的目标,可采用综合系统分析的方法来进行。其分析步骤一般如下:

1) 对后勤仓库的主要任务、关键因素、具体目的进行分析。
2) 对其中关键因素进行效用评价,得出相应最高指标。

3) 对各关键因素分级、定等,最后打分。
4) 计算总分,最高分者为最优后勤仓库地址。

**4. 后勤仓库布局模型求解**

鉴于联合作战中常规导弹力量后勤仓库数量及部署属于机密,在此不涉及其具体数据,仅提供模型求解计算的方法和步骤,以供实际应用时参考。

(1) 根据联合战争中常规导弹力量的需要,以及技术手段、人员配备、管理水平等几方面最后确定 $i$ 个仓库,并对其布局进行优化。

(2) 应用重心法将联合作战中常规导弹力量分布情况划分成 $A_1, A_2, \cdots, A_n$ 共 $n$ 个区域,并确定各区域的重心位置。

(3) 根据已确定的部队集中区域 $A_i$ 和常规导弹力量后勤仓库 $B_i$,计算运输的总费用 $C$。

(4) 为了得到最经济的仓库布局,采用单纯形法进行求解,即目标函数的最小值总可以在可行域的某一个顶点达到,而且顶点的个数是有限的。因此,先取一个顶点求得一个目标函数值,然后再取另一个顶点,并且使新顶点对应的目标函数值较前一个顶点的目标函数值小,这样反复迭代,经过有限次就可求得使目标函数值达到最小值的顶点,即最优解。其计算步骤如下:

1) 开始。
2) 输入变量、约束方程、目标函数。
3) 计算约束方程的负系数矩阵。
4) 计算最优值和目标函数。
5) 输出结果。
6) 结束。

**5. 算例**

以重心法为例说明。三家军需供应企业的分布坐标(单位:km)分别是 A(0,60),B(30,80),C(−20,90),年供应量分别是 3 000 t,2 000 t,1 000 t。计算军需仓库的合理位置。

由重心坐标公式,得

$x_O = (3\,000 \times 0 + 2\,000 \times 30 + 1\,000 \times (-20))/(3\,000 + 2\,000 + 1\,000) \approx 6.67$

$y_O = (3\,000 \times 60 + 2\,000 \times 80 + 1\,000 \times 90)/(3\,000 + 2\,000 + 1\,000) = 71.67$

因此,军需仓库的合理位置坐标应为(6.67, 71.67)。

### 12.4.2 物资调配供应优化模型

**1. 问题描述**

后方物资前送,是联结前方与后方的重要环节,是常规导弹力量能否顺利地组织实施后方物资前送的重要因素,直接关系到后勤支援的总体效果。为此,应解决以下三个问题:一是联合作战中常规导弹力量后勤如何适应其机动作战的特点,合理确定物资调配供应运输量,以保证物资综合运送时间最短和运费最低;二是如何动态地快速制订出物资调配供应计划,特别在有些运输路线、物资库遭到破坏时能快速地制订出物资调配供应运输计划;三是为适应战争状态的改变,如何调整物资调配供应状况,以确保扩建、修建物资库,增加物资库容量,新辟运输路线的军事经济效益的最大实现。所有这些问题的解决,都需建立合理的物资调配供应决策模型,并借助计算机技术予以实现[11-13]。

2. 模型条件

(1)根据联合作战的需要,以各军种的后勤保障力量为基础,建立协调一致的联合保障体系,统一计划和组织运用各种资源,构成多层次、功能互补、反应灵敏的保障网络。

(2)依据联合作战的特点,以及我军的保障方法,结合常规导弹力量后勤保障特点和后勤指挥体系建立本模型。

(3)根据我军联合作战后勤保障的原则,联合作战中物资分配网络如图12.5所示。

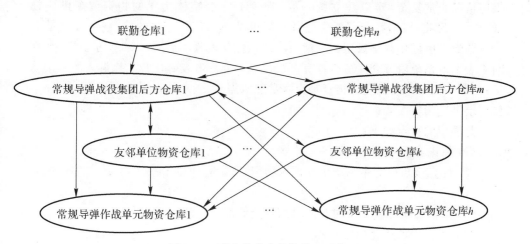

图12.5 联合作战中物资分配网络图

3. 基本假设

设 $n,k,m,h$ 分别是联勤供给仓库数量、友邻单位可能供给仓库数量、常规导弹力量后方储备库数量、常规导弹力量作战单元仓库数量。由于每次进行物资调配供应时 $k,m,h$ 都是动态地变化,为不失一般性,假设 $k,m,h$ 已确定,其他假设如下:

(1)基层部队的物资申请量为 $b_j(j=1,2,\cdots)$。

(2)友邻单位可能供应本系统的物资数量为

$a_i(i=1,2,\cdots,m)$,它们受物资流向及相应部队申请量的限制。

(3) 本系统后方储备库计划供应部队的物资量为

$a_i(i=m+1,m+2,\cdots,m+h)$,它们受物资流向、相应部队申请量和支援友邻单位调出量的限制。

(4) 联勤物资仓库向本系统后方储备库供应的物资数量为 $a_i(i=m+h+1, m+h+2,\cdots,m+h+n)$。

(5) 本系统后方各战役物资库存量、库容量及向外系统调配供应的物资数量分别为 $w_j, v_j, n_j (j=1,2,\cdots,h)$。

(6) 令 $x_{ij}, c_{ij}, s_{ij}$ 是从第 $i$ 个物资源调配供应物资至第 $j$ 个单位的物资数量、运输费率、运输里程数。

**4. 模型的建立**

由于部队数量、物资申请量、物资源和物资可供数量均动态变化,再加上联合后勤和划区供给的基本原则,有时需从常规导弹后方仓库调出物资供应部队,有时需将联勤供应物资(经中转仓库)调往本系统仓库储存,有时因建制限制某些物资仓库不能供给,而需要物资的作战单位可能又得不到供给,由此可见,物资调配供应情况非常复杂,难以建立统一的、理论上完全整体优化的物资调配供应模型[14-15]。为此,根据物资调配供应基本假设及所采用的符号约定,建立如下动态物资调配供应优化数学模型。调配供应决策优化流程图如图12.6所示。图中,判断1表示本系统后方仓库是否存有上次由联勤仓库和友邻单位仓库调入的剩余物资;判断2表示调配供应的物资是否满足部队需求;判断3表示本次是否向友邻单位请求供应物资。

此模型的特点如下:

(1) 原则上优先考虑就近调配物资。

(2) 优先级顺序为本系统供给部队物资、联勤仓库供给部队物资、友邻单位供给部队物资。

(3) 本流程图综合了平时和战时的物资调配供应流程。

此流程图中的优化模型具体如下:

(1) 优化模型1。联勤仓库供给本系统物资时,将由本系统后方仓库储存这批物资。其数学模型为

$$\min(\sum_{i=1}^{n}\sum_{j=1}^{h}c_{ij}s_{ij}x_{ij}) \tag{12.41}$$

$$\text{s.t.} \begin{cases} \sum_{i=1}^{n}x_{ij}+w_j-n_j \leqslant v_j, & j=1,2,\cdots,h \\ \sum_{j=1}^{n}x_{ij}=a_i, & i=1,2,\cdots,n \end{cases} \tag{12.42}$$

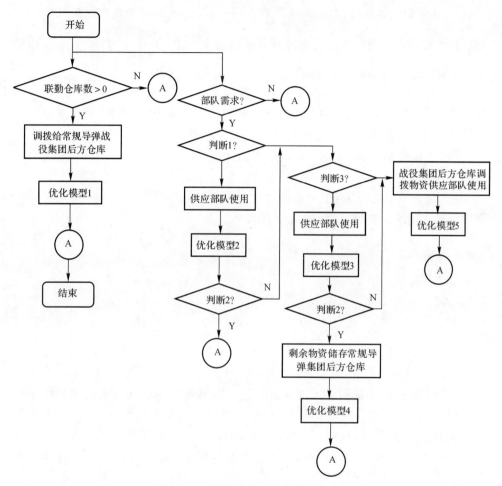

图 12.6 调配供应决策优化流程图

(2) 优化模型 2。如果上次联勤仓库调入物资未消耗完,且储存在本系统战役后方仓库中,在这种情况下,将这些物资调配供应部队供消耗使用,模型如下:

$$\min\left[\sum_{i=1}^{h}\sum_{j=1}^{k}(c_{ij}s_{ij}x_{ij})\right]$$

$$\min(\sum_{i=1}^{h}\xi_i + \sum_{j=1}^{k}\eta_j)$$

(12.43)

即

$$\begin{cases}\sum_{j=1}^{k}x_{ij}+\xi_i=a_i & i=1,2,\cdots,h\\ \sum_{i=1}^{h}x_{ij}+\eta_j=b_j & j=1,2\cdots,k\end{cases}$$

(12.44)

式中，$k, h$ 分别是部队数、本系统战役后方仓库数；$\xi_i, \eta_j$ 分别为虚拟的部队物资需要量和虚拟的本系统后方战役仓库可供物资量。要求 $\min(\sum_{i=1}^{h}\xi_i + \sum_{j=1}^{k}\eta_j)$，即最大限度地调配供应物资以满足部队的需要。

(3) 优化模型 3。如果经过判断 1 和判断 2 后，仍不能满足部队需要，则进行优化模型 3，即判断是否有友邻单位供应物资调入本系统，如果有，则将其调配供应给部队使用。此时其数学模型与优化模型 2 相似。

(4) 优化模型 4。如果部队的需求得到满足，则将外系统调入的剩余物资存在本系统战役储备库中。此时其数学模型同 1。如果仍未满足则进行模型 5。

(5) 优化模型 5。当部队的物资需求仍未得到满足时，将后方储备库中的物资供应给部队使用。其数学模型如下：

$$\min(\sum_{i=1}^{h}\sum_{j=1}^{k}c_{ij}s_{ij}x_{ij})$$

即

$$\begin{cases}\sum_{j=1}^{k}x_{ij} \leqslant a_i, & i=1,2,\cdots,h \\ \sum_{i=1}^{h}x_{ij} = b_j, & i=1,2,\cdots,k\end{cases} \quad (12.45)$$

**5. 具体实现**

通过引进松弛变量和人工变量将上述基本模型转换成线性规划问题的标准型，利用 Visual FoxPro V5.0 和 Visual C++ V6.0 混合编程进行计算。为了加快系统的运行速度和减少内存占用，程序中自动剔除那些不符合物资流向规定的有关变量，尽量减少（或不用）人工变量。在用单纯形法求解时，主元选择采用最新方法，使得迭代次数不超过方程个数，大大加快了计算速度。由于需要处理大矩阵的运算，程序中采用了动态内存分配，使系统对内存的需要量达到最低，从而实现在多种情况下运行的要求。

### 12.4.3 机动保障道路动态规划模型

**1. 问题描述**

按照常规导弹一线作战力量的请求，需将一批军用物资从 $A$ 点运到 $B$ 点，其选择最优机动道路的过程，就是根据动态规划的基本思想和建模步骤进行决策的过程。假设上级规定的机动道路的起点为 $A$，中间点为 $P_1, P_2, P_3$，终点为 $B$。如果由起点 $A$ 经过 $P_1, P_2, P_3$ 而到达终点 $B$ 是一条最优路线，则所选择的由 $A$ 出发到达 $P_1$ 的子路线对于由 $A$ 出发到达 $P_1$ 的所有路线来说必然是最优路线；所选择的由 $P_1$ 出发到达 $P_2$ 的子路线对于由 $P_1$ 出发到达 $P_2$ 的所有路线来说必然是最优路线；所选择的由 $P_2$ 出发到达 $P_3$ 的子路线对于由 $P_2$ 出发到达 $P_3$ 的所有路线来说必然是最优路线；所选择的由 $P_3$ 出发到达终点 $B$ 的子路线对于由 $P_3$ 出发到达终点 $B$ 的所有路线来说必然是最优路线。因此，可以把寻找从 $A$ 点到 $B$ 点的最优路线的过程转化为多阶段决策的过程，阶段的划分方法为

$$k=1 \quad A \to P_1$$
$$k=2 \quad P_1 \to P_2$$
$$k=3 \quad P_2 \to P_3$$
$$k=4 \quad P_3 \to B$$

每个阶段的状态就是此阶段的起始位置，所有阶段的状态数都为1，状态均满足无后效性。每个阶段的允许决策集合就是从这一阶段的状态出发到下一阶段的状态的所有道路的集合，从这一允许决策集合中所产生的最优道路，称为阶段决策。将各阶段的决策按序排列组成的集合称为策略，具体而言，机动道路的策略就是从上级规定的起点出发，经过各中间点，最后到达终点的最优机动道路。

2. 决策条件

最优机动道路方案生成的关键是阶段最优决策的生成，解决这一问题的运筹学方法就是多目标决策中的化多目标为单目标方法[16-17]，下面结合实例具体说明该方法的运用。

假设有3条道路，序号为1的道路的基础数据如下（单位：km）：

道路里程：80；填、挖土路基里程：8；桥梁里程：4；隧路里程：2；不通视路段里程：3；等级道路里程：70；道路两侧为山林路里程：6。

序号为2的道路的基础数据如下（单位：km）：

道路里程：50；填、挖土路基里程：6；桥梁里程：5；隧路里程：6；不通视路段里程：8；等级道路里程：32；道路两侧为山林路里程：3。

序号为3的道路的基础数据如下（单位：km）：

道路里程：68；填、挖土路基里程：0；桥梁里程：1；隧路里程：7；不通视路段里程：10；等级道路里程：54；道路两侧为山林路里程：13。

3. 阶段最优决策的生成

要在这3条道路中选择一条综合符合战术要求、生存能力和技术状况这三个要素后，总体最优的道路，其具体步骤如下：

第一步：确定目标准则体系准则值及权系数。

道路选优的目标准则体系可以用某种准则度量，称为准则值，道路选线的各准则值可以通过道路管理数据得到。由于决策者在一定条件下对目标的重视程度不同，还要按照目标的重要程度确定权系数，权系数由德尔斐法来确定。决策中的每一层同类目标权系数之和为1，权系数如下：

(1) 技术状况(0.3)＋生存能力(0.2)＋符合战术意图(0.5)＝1。

(2) 隐蔽伪装权系数(0.4)＋条件权系数(0.6)＝1。

(3)山林路权系数(0.4)+隧路桥梁填挖土权系数(0.6)=1。

第二步:求效用值。

(1)符合战术意图效用值评价此要素的标准是道路里程越短越好。那么有 max=80,min=50 则 3 条道路的战术效用值的计算如下

    道路序号   符合战术意图
     1    1+50/80−80/80=0.625
     2    1+50/80−50/80=1.0
     3    1+50/80−68/80=0.775

(2)隐蔽伪装条件(地、空不通视)效用值。评价此要素的标准是道路不通视里程越大越好。那么有 max=10,则 3 条道路的隐蔽伪装条件效用值的计算如下:

    道路序号  隐蔽伪装条件
     1    3/10=0.3
     2    8/10=0.8
     3    10/10=1.0

若 max=0,则所有道路该项效用值均为 0。

(3)道路两侧为山林路效用值(便于疏散)。评价此要素的标准是道路两侧为山林路里程越大越好。那么有 max=13,则 3 条道路的便于疏散效用值的计算如下:

    道路序号  道路两侧山林路
     1    6/13=0.461 5
     2    3/13=0.230 8
     3    13/13=1.0

若 max=0,则所有道路该项效用值均为 0。

(4)隧路、填土、挖土路基和桥梁里程效用值(难于疏散)。评价此要素的标准是隧路、填土、挖土路基和桥梁里程越短越好。那么有 max=6+5+6=17,min=0+1+7=8。则 3 条道路的难于疏散效用值的计算如下:

    道路序号   隧路、填挖土路基和桥梁
     1    1+8/17−14/17=0.647 1
     2    1+ 8/17−17/17=0.470 1
     3    1+8/17−8/17=1.0

若 max=0,则所有道路该项效用值均为 1。

(5)技术状况效用值。评价此要素的标准是等级道路里程越大越好。那么有 max=70,则三条道路的技术状况效用值的计算如下:

| 道路序号 | 等级道路 |
|---|---|
| 1 | 70/70＝1.0 |
| 2 | 32/70＝0.457 1 |
| 3 | 54/70＝0.771 4 |

若 max＝0，则所有道路该项效用值均为 0。

第三步：多目标效用合并。

为了将多目标转化为单目标，必须进行合并。首先将最底层同类目标的效用进行合并，然后根据前一次的合并结果逐层向上合并，直到最高一层，便得到了所考虑方案的总效用，即方案的合意度。对于机动道路而言，由于各个准则的效用对于总体效用的贡献是相互独立的，所以总体效用的合并应遵循加法规则，合并公式为

$$目标总体效用值 = \sum 各同类子目标的效用值 \times 权系数 \quad (12.46)$$

即

$U=$ 战术效用值 $\times 0.5 +$ [隐蔽伪装效用值 $\times 0.4 +$
（山林路效用值 $\times 0.4 +$ 隘路桥梁填挖土效用值 $\times 0.6) \times 0.6] \times 0.2 +$
等级道路效用值 $\times 0.3$

则三条道路的各自的总体效用值计算如下：

$U_1 = 0.625 \times 0.5 + [0.3 \times 0.4 + (0.461\ 5 \times 0.4 + 0.647\ 1 \times 0.6) \times 0.6] \times 0.2 + 1.0 \times 0.3 = 0.705\ 2$

$U_2 = 1.0 \times 0.5 + [0.8 \times 0.4 + (0.230\ 8 \times 0.4 + 0.470\ 1 \times 0.6) \times 0.6] \times 0.2 + 0.457\ 1 \times 0.3 = 0.746\ 1$

$U_3 = 0.775 \times 0.5 + [1.0 \times 0.4 + (1.0 \times 0.4 + 1.0 \times 0.6) \times 0.6] \times 0.2 + 0.771\ 4 \times 0.3 = 0.818\ 9$

可得 $U_3 > U_2 > U_1$，因此序号为 3 的道路为最优道路。

## 12.5 常规导弹力量后勤保障能力评估模型

本节运用系统分析法、模糊数学综合评估法和功能分析法，对后勤保障中一些界定不清、不易定性的因素建立模型，进行定量分析、描述、推导和计算，以期获得客观的后勤保障能力评估结果，从而为提高联合作战中常规导弹力量的后勤保障能力提供理论依据。

### 12.5.1 问题的提出

在联合作战中常规导弹力量后勤保障能力的实际评估中，不确定因素较多，既

有定量因素,又有定性因素,各因素之间并不是都具有数量上的确定关系,有些关系只是大致上可以描述,即部分信息已知,部分信息未知,具有很大的模糊性。如果进一步考察上述因素就会发现,这些因素的每一个都是由多个子因素组成的,在信息不全的情况下,用传统的数学方法反映系统的特征就比较困难,而模糊综合评判法是一种把定性和定量相结合,解决涉及多个指标(或因素)的评价问题的有效方法,可以全面、清晰、有效、简洁评判有众多因素制约的复杂系统,因此用模糊理论多级评判模型处理此类问题能取得令人满意的效果[18-19]。后勤保障中运用综合评判,可以综合评定保障能力,不断改进保障措施和保障方法,从而达到实现提高后勤保障能力的目的。

### 12.5.2 后勤保障能力评估体系

进行联合作战中常规导弹力量后勤保障能力评估,必须构建后勤保障能力评估体系。后勤保障能力评估体系由六个与评估相关的基本要素构成,即评估目标、评估对象、评估主体、评估指标、评估标准和评估方法。

(1)评估目标。后勤保障能力评估目标是后勤评估活动要达到的标准或取得的结果,其核心目标是通过评估的选择、预测、导向作用实现后勤保障有力的目标。

(2)评估对象。军队后勤保障系统是一个整体系统,其中后勤指挥、物资保障、运输保障和卫生保障等系统,都是构成这个整体系统的子系统。由于后勤整体保障能力是由各个分系统保障能力构成,后勤保障能力评估不仅要对后勤整体保障能力进行评估,也要评估分析各个分系统的保障能力。

(3)评估主体。后勤保障能力评估主体是指直接从事后勤保障力评估活动的人或单位。后勤保障力评估,可由上级组织实施,可由本部门自行组织实施,可由同级单位的相同部门实施,也可由下级或内部人员实施。必要时,还可以聘请军内外有关专家参与评估。因此,部队各级后勤部门和有关人员都可成为评估主体。

(4)评估指标。后勤保障系统是一个由后勤指挥、物资保障、运输保障、卫生保障、营房保障和后勤防护等诸多要素组成的一个完整系统,每个要素又各成系统,由不同的要素组成。每个要素反映出来的状态特征就表现为一个单项评估指标。

(5)评估标准。评估标准是指用于判断评估对象价值高低、质量优劣的标准。根据评估主体对后勤保障要求不同,后勤保障能力评估标准也不是唯一的。军队对后勤保障能力的基本需要就是满足建设和作战需要,保证军队战斗力的生成和保持,这是后勤保障能力评估最直接、最重要的标准战斗力标准,体现了职责标准。

(6)评估方法。评估方法实际上是在评估指标、评估标准等要素的基础上形成的具体实施评估过程的程序和办法。

## 12.5.3 后勤保障能力评估建模

(1) 确定评估对象。确定对联合作战中常规导弹力量后勤进行代号"XX"的保障行动进行评估。

(2) 确定评价集 $V$（各级指标的评价集均按 5 级评定），见表 12.3。

$$V = \{v_1, v_2, v_3, v_4, v_5\}$$

**表 12.3 评分等级一览表**

| 分 值 | 0.99～0.90 | 0.89～0.80 | 0.79～0.70 | 0.69～0.60 | 小于0.60 |
|---|---|---|---|---|---|
| 等 级 | 优秀 $v_1$ | 良好 $v_2$ | 中 $v_3$ | 一般 $v_4$ | 差 $v_5$ |

(3) 确定评判因素集。这是个两级多因素的综合评价。

第一级：$U = (E_1, E_2, E_3, E_4) =$ （物资保障能力，卫勤保障能力，运输保障能力，技术保障能力），共 4 个指标。

第二级：第二级是第一级指标的分指标，共有 11 项，具体如下：

$E_1 = (E_{11}, E_{12}, E_{13}) =$ （军需保障能力，油料保障能力，生活保障能力）

$E_2 = (E_{21}, E_{22}, E_{23}) =$ （野战医院救治能力，伤病员后送能力，后方医院救治能力）

$E_3 = (E_{31}, E_{32}, E_{33}) =$ （运输能力，道路保障能力，装卸载能力）

$E_4 = (E_{41}, E_{42}) =$ （修理能力，维修器材筹措供应能力）

(4) 评估因素权重体系的建立。权重集可采用专家评估法确定，也可通过对历次演习中获取的常规导弹力量后勤保障能力数据的回归分析确定，或运用层次分析法确定。

$$A = (w_1, w_2, w_3, w_4) = (0.23, 0.23, 0.23, 0.21)$$
$$A_1 = (w_{11}, w_{12}, w_{13}) = (0.35, 0.35, 0.30)$$
$$A_2 = (w_{21}, w_{22}, w_{23}) = (0.35, 0.40, 0.25)$$
$$A_3 = (w_{31}, w_{32}, w_{33}) = (0.35, 0.30, 0.35)$$
$$A_4 = (w_{41}, w_{42}, w_{43}) = (0.50, 0.50)$$

(5) 根据后勤保障能力评估指标体系确定后勤保障能力的评价指标值。后勤保障能力评估指标体系层次结构如图 12.7 所示。

1) 第一级的指标值。由于分系统中各层子指标之间相互独立，因此可采用加权法作为评估的数学模型，评估数学模型为

$$E = \sum_{i=1}^{4}(E_i \times w_i), \quad i = 1, 2, 3, 4 \tag{12.47}$$

式中，$E_1$，$w_1$ 为物资保障能力的评估值和权重系数；$E_2$，$w_2$ 为卫勤保障能力的评估

值和权重系数;$E_3,w_3$ 为运输保障能力的评估值和权重系数;$E_4,w_4$ 为技术保障能力的评估值和权重系数。

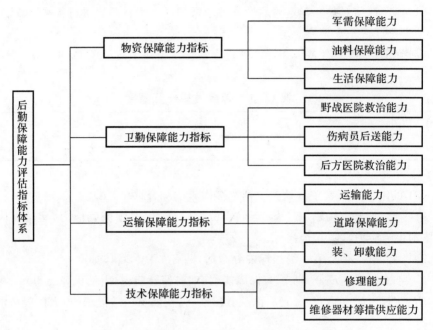

图 12.7　后勤保障能力评估指标体系层次结构

2) 第二级指标值。第二级指标的评估值采用线性加权法进行评估,评估模型为

$$\left.\begin{array}{l}E_1 = E_{11}w_{11} + E_{12}w_{12} + E_{13}w_{13}\\ E_1 = E_{21}w_{21} + E_{22}w_{22} + E_{23}w_{23}\\ E_1 = E_{31}w_{31} + E_{32}w_{32} + E_{33}w_{33}\\ E_1 = E_{41}w_{41} + E_{42}w_{42}\end{array}\right\} \quad (12.48)$$

例如,

物资保障能力评估指标＝军需保障能力基本指标×权重＋
　　　　　　　　　　　油料保障能力基本指标×权重＋
　　　　　　　　　　　生活保障能力基本指标×权重

(6) 确定评估模型并计算。后勤保障能力评估是个二级模糊综合评判。评估计算过程应按逆序进行。因此,应先决定第二级的基本指标,下面分别叙述各指标的具体算法[9-10]。

1) 军需保障能力计算公式为

$$E_{11} = C_w B_w \quad (12.49)$$

式中,$C_W$ 为物资资筹措能力,$C_W = \dfrac{W'}{W}$;$B_W$ 为物资储备能力,$B_W = \dfrac{Q'_W \times \eta}{Q_W}$;$W'$ 为能筹措到的物资总量;$W$ 为预计物资需求总量;$Q'_W$ 为仓库容量;$\eta$ 为仓库可利用率;$Q_W$ 为预计物资总容量。

2) 油料保障能力计算公式为

$$E_{12} = C_Y B_Y J_Y \tag{12.50}$$

式中,$C_Y$ 为油料筹措能力,$C_Y = \dfrac{Q'_Y}{Q_Y}$;$B_Y$ 为油料储备能力,$B_Y = \dfrac{Q''_Y}{Q_Y}$;$Q''_Y$ 为油库穷量;$J_Y$ 为油料能力,$J_Y = \dfrac{n_1 Z_Y n_2 d}{Q_Y}$;$n_1$ 为油车数量;$Z_Y$ 为每台运油车载油量;$n_2$ 为运油车每天往返次数;$d$ 为持续天数。

3) 生活保障能力计算公式为

$$E = w_1 Y_S + w_2 Z_S + w_3 S_D \tag{12.51}$$

式中,$w_1, w_2, w_3$ 为饮食保障、住宿保障、水电保障在生活保障中占的权重;$Y_S$ 为饮食保障能力,$Y_S = \dfrac{n_3 \times n_4}{n_0}$;$Z_S$ 为住宿保障能力,$Z_S = \dfrac{n_5}{n_0}$;$n_5$ 为帐篷能保障住宿人数;$S_D$ 为水电保障能力,$S_D = \dfrac{Q'_S}{Q_S}$;$n_3$ 为饮食保障装备数量;$n_4$ 为每台饮食装备能保障的人数;$n_0$ 为实际作战人数;$Q'_S$ 为水电保障装备的总容量;$Q_S$ 为实际水电需求量。

4) 野战医院救治能力计算公式为

$$E_{23} = \dfrac{n_9 \times C \times d}{P} \tag{12.52}$$

式中,$n_9$ 为能展开的床位数;$C$ 为每台手术床昼夜工作手术量;$d$ 为持续天数;$P$ 为预计总手术量。

5) 与伤病员后送能力计算公式为

$$E = \dfrac{n_6 \times n_7}{n_8} \tag{12.53}$$

式中,$n_6$ 为救护车数量;$n_7$ 为每台救护车能救治、后送伤员数量;$n_8$ 为预计伤员数。

6) 后方医院救治能力 $E_{23}$ 的计算公式与 $E_{21}$ 相同。

7) 运输能力计算公式为

$$E_3 = \dfrac{Y_1 + Y_2 + Y_3}{Y_0} \tag{12.54}$$

式中,$Y_1$ 为汽车运力;$Y_2$ 为铁路运力;$Y_3$ 为空中运力;$Y_0$ 为预计总运输量。

8) 道路保障能力的计算公式为

$$E_{32} = \frac{D_x}{D_h}$$

式中,$D_h$ 为预计被毁坏的道路长度,km;$D_x$ 为能够被修复的道路长度。

9) 装卸载能力的计算公式为

$$E_{33} = \frac{Z_x}{Z_{xy}}$$

式中,$Z_{xy}$ 为装卸载量的预计量(吨);$Z_x$ 为实际能够完成的装卸载量。

10) 修理能力计算公式为

$$E_{41} = \frac{m_2 \times K_2 \times t \times d}{XL_2} \qquad (12.54)$$

式中,$m_2$ 为后勤装备修理工人数;$K_2$ 为后勤装备维修装备影响系数;$t$ 为昼夜有效工时,一般为 16 工时/天;$d$ 为持续天数;$XL_2$ 为预计后勤装备维修总工时。

11) 维修器材筹措供应能力的计算公式为

$$E_{42} = \frac{w_q}{w_{qy}}$$

式中,$w_{qy}$ 为维修器材需求预测值;$w_q$ 为维修器材实际供应量。

(7) 进行二级综合评估模型的计算。首先计算第二级各组因素的综合评估结果,并将结果作为第一级相应因素进行单因素评估,给出评估的模糊关系矩阵。

$$\widetilde{R} = \begin{bmatrix} E_1(v_1) & E_1(v_2) & E_1(v_3) & E_1(v_4) & E_1(v_5) \\ E_2(v_1) & E_2(v_2) & E_2(v_3) & E_2(v_4) & E_2(v_5) \\ E_3(v_1) & E_3(v_2) & E_3(v_3) & E_3(v_4) & E_3(v_5) \\ E_4(v_1) & E_4(v_2) & E_4(v_3) & E_4(v_4) & E_4(v_5) \end{bmatrix} \qquad (12.56)$$

由(4)中的权重确定结果,物资保障能力、卫勤保障能力、运输保障能力和技术保障能力的权重向量为

$$\boldsymbol{A} = (0.23, 0.23, 0.23, 0.21)$$

由 $\boldsymbol{A}$ 和 $\widetilde{\boldsymbol{R}}$ 合成运算:

$$\boldsymbol{B} = \boldsymbol{A} \times \widetilde{\boldsymbol{R}} =$$

$$(0.23, 0.23, 0.23, 0.21) \begin{bmatrix} E_1(v_1) & E_1(v_2) & E_1(v_3) & E_1(v_4) & E_1(v_5) \\ E_2(v_1) & E_2(v_2) & E_2(v_3) & E_2(v_4) & E_2(v_5) \\ E_3(v_1) & E_3(v_2) & E_3(v_3) & E_3(v_4) & E_3(v_5) \\ E_4(v_1) & E_4(v_2) & E_4(v_3) & E_4(v_4) & E_4(v_5) \end{bmatrix} =$$

$(b_1, b_2, b_3, b_4, b_5)$

(8) 评价结论。如果 $b_3 \geqslant 0.9$,则认为保障系统的保障能力为优,此时如果 $b_1 \geqslant 0.99$,则 $E_b = 0.99$,否则 $E_b = b_1$;如果 $b_2 \geqslant 0.8$,则认为保障系统的保障能力为良,此时如果 $b_2 \geqslant 0.89$,则 $E_b = 0.89$,否则 $E_b = b_2$;

如果 $b_3 \geqslant 0.7$,则认为保障系统的保障能力为中,此时如果 $b_3 \geqslant 0.79$,则 $E_b = 0.79$,否则 $E_b = b_3$;

如果 $b_3 \geqslant 0.6$,则认为保障系统的保障能力为一般,此时如果 $b_4 \geqslant 0.69$,则 $E_b = 0.69$,否则 $E_b = b_4$;如果 $b_5 < 0.6$,则认为保障系统作战能力为差,此时如果 $b_5 > 0.59$,则 $E_b = 0.59$,否则 $E_b = b_5$;如果以上 5 种情况都存在或几种存在,则取其中最大值作为保障能力综合评估值。

## 本 章 小 结

通过建立后勤保障决策模型,可以定量判断常规导弹力量后勤保障的各种需求,最大限度地辅助后勤保障指挥员制定正确的后勤保障决策,从而在后勤保障行动中获得主动,充分发挥各种后勤保障资源的效益,提高常规导弹力量的后勤保障能力,使联合作战中的常规导弹力量得到持续、稳定、科学的后勤保障。

## 参 考 文 献

[1] 张国春.高技术条件下战役后勤专业保障辅助决策系统[D].北京:国防大学,1997.
[2] 张最良.军事运筹学[M].北京:军事科学出版社,1993.
[3] 徐博文.决策树算法的研究与实现[D].兰州:兰州大学,2003.
[4] 陈智浩.决策方法和灰色模型及应用研究[D].武汉:武汉工业大学,1999.
[5] Gregory G. Decision Analysis[M]. London:Pitman Publishing,1988.
[6] 吴戈.高技术条件下联合战役财务保障研究[J].军事后勤,2001(5):61-65.
[7] 李德彩.战略后勤指挥决策模型化研究[M].北京:国防大学出版社,2002.
[8] 杨铁见.常规导弹部队后勤仓库最优布局研究[C]//中国系统工程学会第十四届年会.北京:[出版者不详],2006.
[9] 李玉民.现代企业物流中心选址决策研究[D].杭州:浙江大学,2003.
[10] 黄永平.联勤体制下战区油料供应系统优化模型研究[C]//2005 年军事运筹学年会论文集.北京:军事科学出版社,2005.
[11] 刘梅娇,曹炳元.Fuzzy 线性规划最优解新探[J].汕头大学学报(自然科学版),2003,18(1):33-38.
[12] 赵新泽.线性规划的新方法和应用[M].北京:世界图书出版公司,1996.
[13] 高岭军.运用军事物流场理论进行战区后勤资源配置优化[J].后勤学术,2003(5):56-62.
[14] 刘士通.联勤体制下战区应急物流配送模型研究[C]//2005 年军事运筹学

年会论文集.北京:军事科学出版社,2005.
- [15] 龚延成.战时军事物流系统决策理论与方法研究[D].西安:长安大学,2004.
- [16] 任善强.数学模型[M].2版.重庆:重庆大学出版社,1998.
- [17] 张俊学.作战运筹学[M].北京:解放军出版社,2001.
- [18] 甄涛.地地导弹武器作战效能评估方法[M].北京:国防工业出版社,2005.
- [19] 程启月.作战指挥决策运筹分析[M].北京:军事科学出版社,2004.

# 第13章　常规导弹力量后勤保障指挥智能决策支持系统总体设计

## 13.1　引　　言

研究和应用联合作战中常规导弹力量后勤保障指挥智能决策支持系统,是其缩短后勤保障的准备时间,提高后勤保障效益的重要途径,对于后勤决策支持有重要的现实意义,因而必须建成结构完整、功能完善、满足联合作战需要、信息作战支持能力较强、安全防护水平较高的常规导弹力量后勤保障指挥智能决策支持系统[1]。事实上,研究开发联合作战中常规导弹力量后勤保障指挥智能决策支持系统不仅是联合作战的总要求,同时也是适应现代战争发展的需要。该系统在开发过程中要注意以下几点:

(1)符合常规导弹力量战技指标和使用需求,吸收用户参与分析,贴近实战,从实战出发。
(2)满足经费和研制周期的约束条件。
(3)注重智能化系统集成,强化总体技术。
(4)充分利用现有先进的成熟技术,大胆运用和采取新方法处理好整体优化与局部优化的关系。
(5)注意系统的互通性和兼容性。
(6)重视系统设计的标准化、规范化和模块化。
(7)重视可靠性、安全性和保密性设计。

常规导弹力量后勤保障指挥智能决策支持系统主要应用于联合作战中常规导弹力量后勤指挥机构,也可为常规导弹力量作战单元的后勤保障指挥提供决策支持服务。

## 13.2　常规导弹力量后勤保障指挥智能决策支持系统的概念设计

决策支持系统(Decision Support System,DSS)是以特定形式辅助决策的一种科学工具。决策支持系统是现代决策观念、方法的具体技术的集中体现,也是决策模型的最终物理实现形式[2]。智能决策支持系统(Intelligent Decision Support

System,IDSS）是在传统的 DSS 基础上进行智能化改造,具有代表性的方案是将人工智能中发展最成熟的一个分支——专家系统(Expert System,ES)的诸手段吸收到 DSS 中来,而一般的 ES 由知识库、推理机及数据库组成,它具有人工智能行为,以专家的思维方法为模型,并存贮了专家的有关科学知识和成功经验,模拟专家的思维和推理过程,通过人机交互,充分利用人类的知识、智慧和经验[3]。IDSS 通过人机对话等方式为决策者提供了一个将知识性、主动性、创造性和信息处理能力相结合,定性与定量相结合的工作环境,协助决策者分析问题、探索决策方法,进行评价、预测和选优。

### 13.2.1　常规导弹力量后勤保障指挥智能决策支持系统的智能化原理

常规导弹后勤保障智能决策支持系统是 DSS 与人工智能(Artificial Intelligence,AI)技术相结合,用于联合作战中常规导弹力量后勤保障决策的产物[4]。它将 AI 中的知识表示与知识处理的思想引入 DSS,以弥补 DSS 单纯依靠模型技术与数据处理技术以及决策人员主观臆断而可能出现意向性偏差的缺陷。常规导弹力量后勤保障智能决策支持系统的原理如图 13.1 所示。

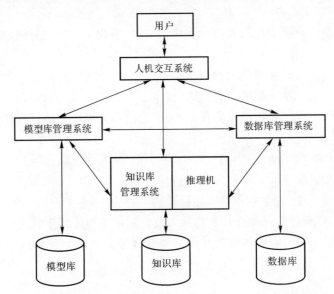

图 13.1　常规导弹力量后勤保障智能决策支持系统的智能化原理

(1)知识库。专家系统解决问题的能力在很大程度上依赖知识库拥有知识的多少,知识越丰富,解决问题的能力越强。

(2)动态数据库。动态数据库用于存储初始证据和推理过程中得到的信息,也即存入用户回答的事实、已知事实和推理得到的事实。

(3)数据库。涵盖联合作战中上级后勤、本级后勤、下级后勤的后勤指挥、后勤保障、业务处理的原始资源数据信息,并包括常规导弹力量作战指挥、装备保障部门与常规导弹力量后勤相关的信息。

(4)模型库。决策模型涵盖联合作战中常规导弹力量所有业务保障模型。

(5)推理机。推理机的关键是对知识的搜索,其搜索路线可用推理树来表示。

### 13.2.2　常规导弹力量后勤保障指挥智能决策支持系统的智能化结构

Bonczk 等人提出 LKP(Language Knowledge Processing)结构,将人工智能技术和专家系统引入 DSS 结构,形成 IDSS。IDSS 充分发挥了专家系统以知识推理形式解决定性分析问题的特点,此结构以知识利用和知识推理为宗旨,在知识系统(Knowledge System,KS)中存储了各种知识、模型与计算方法、专家经验以及有关的环境数据[5]。其中,问题处理系统(Problem Processing System,PPS)是 LKP 结构的核心,主要用于对知识进行识别和表达,对系统进行控制、数据分析和汇总,并实现数据与模型对话。语言系统(Language System,LS)是进行对话的工具和桥梁,用以提供通信机制[6]。

1. 智能决策支持系统集成结构

IDSS 不仅发挥了 AI 模拟专家思维方法,同时又发挥了 DSS 的模型计算为核心的解决定量分析问题的特点,充分做到定性分析和定量分析相结合,使得解决问题的能力和范围得到很大的发展,智能决策支持系统的具体集成结构形式如图 13.2 所示。

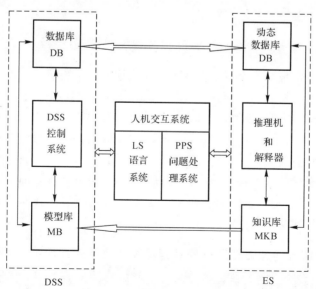

图 13.2　联合作战中常规导弹力量后勤保障指挥智能决策支持系统的集成结构

(1)LS。语言系统,提供用户和 DSS 部件通信的机构,对 DSS 关于问题域的有关知识进行表示,其表示形式或为数据或为过程等。

(2)PPS。问题处理系统,它联结 KS 和 LS,利用 KS 中的广义知识,处理 LS 陈述的问题,产生恰当的响应而支持决策者的决策,它具有支持一个或多个决策所需要的一般的问题求解的能力。

(3)DB(Data Base)。数据库。

(4)MB(Models Base)。模型库。

(5)MKB(Military Knowledge Base)。军事知识库。

2. IDSS 中 DSS 和 ES 的结合

这两种结合主要体现在以下三方面:

(1)DSS 和 ES 的总体结合。由人机交互系统把 DSS 和 ES 有机结合起来,即将两者一体化。

(2)MKB 和 MB 的结合。模型库中的数学模型作为知识的一种形式,即过程性知识,加入到知识推理过程中去。

(3)DB 和动态 DB 的结合。DSS 中的 DB 可以看成是相对静态数据库,它为 ES 中的动态数据库提供初始数据。ES 推理结束后,动态 DB 中的结果再送回到 DSS 中的 DB 中去。

## 13.3 常规导弹力量后勤保障指挥智能决策支持系统的功能设计

### 13.3.1 常规导弹力量后勤保障指挥智能决策支持系统的总体目标

联合作战中常规导弹力量后勤保障智能决策支持系统模拟人类思维方式进行决策的目标有两方面:一方面是针对联合作战中为常规导弹力量后勤保障决策需求和要求,挖掘信息内在规律,通过人机优势互补,增强决策的时效性和科学性,从而实现风险决策、需求测算、保障优化、方案最佳选定、保障能力评估等一系列保障决策活动,以适应现代战争的特点及作战指挥的要求[7];另一方面系统是整合联合作战中影响后勤保障的各种因素进行,综合分析,通过行之有效的手段正确判断后勤保障的战场环境,提出科学的后勤保障建议,为常规导弹战役军团后勤保障决策者提供快速便捷的决策支撑。

### 13.3.2 常规导弹力量后勤保障指挥智能决策支持系统的具体功能

为了实现系统的目标,后勤保障智能决策支持系统的必须具备以下功能:

(1)联合作战中常规导弹力量后勤保障智能化信息查询。系统通过各种信息渠道,及时获取和汇总联合作战中常规导弹力量后勤保障所需要的战场形势、保障状况、物资需求、物资调配、道路情况等各种信息和资料,从而为常规导弹力量后勤保障决策者和决策机构明确地判断情况、定下决心和拟制计划提供方便、快捷的信息服务,并按查询者的需要在计算机终端上以其感兴趣的方式(如表格、图形等)显示出有关信息。

(2)联合作战中常规导弹力量后勤保障智能化需求预计。根据作战兵力、作战样式、作战地域、部署、战役持续时间,依据作战物资消耗的一般规律,对战役中作战物资需求量和伤亡减员、卫勤保障需求量、军事交通需求量等进行预测,以达到决策支持的目的。

(3)联合作战中常规导弹力量后勤保障方案智能化分析及生成。在信息查询的基础上,根据后勤保障的难点、重点对后勤保障方案的关键问题进行论证和分析,从而为指挥员定下决心提供有效的决策支持。后勤保障中的很多问题,仅通过模型得到数据是不完全的,需要专家系统进行分析。通过比较评价,进一步认识现状,明确问题所在,才能使保障方案更加趋于完善。后勤保障智能决策支持系统根据常规导弹力量后勤保障需求和任务要求,拟制物资供应、交通运输、卫生勤务和技术保障等保障计划,以及常规导弹力量后勤综合保障计划。

(4)优化联合作战中常规导弹力量后勤保障筹措。后勤保障中的一些结构性问题,通过合适模型进行计算,获得最优策略,如道路选优、仓库选址和物资分配等;系统对半结构性问题,以及不同的方案、规划或政策可从不同侧面或不同角度,根据不同的准则进行优化选择,帮助指挥员制定正确的决策。

(5)智能化拟制联合作战中常规导弹力量应急情况处置方案。系统根据突发的情况,通过系统进行问题归类,利用有关的模型以及专家经验和必要的信息,在系统内对作战后勤保障过程中出现的诸如作战物资紧急调运、应急保障力量调遣、后方设施受敌袭击破坏等紧急情况提出应急处置方案。

(6)联合作战中常规导弹力量后勤智能化保障能力评估。建立指标体系,评估保障的能力,如经费保障能力、作战物资保障能力、卫勤保障能力、运输保障能力、营房保障能力和综合保障能力的评估等,并不断调整保障策略、提高保障质量、完成统计分析、后勤保障计算等,为后勤指挥员组织战役保障并定下保障方案提供必要的分析。对各种计划的实施和重大决策的执行情况,系统可根据得到的信息进行评价分析,并根据其与原定目标的偏差程度,提供相应的调整措施,以保证决策的顺利执行。

(7)智能化拟制联合作战中常规导弹力量后勤命令、指示等后勤军用文书。以人机交互方式,提供作战准备阶段和作战实施阶段的有关后勤预先号令、后勤命令、后勤保障指示和后勤报告等辅助拟制手段。

### 13.3.3 常规导弹力量后勤保障指挥智能决策支持系统的实际应用

联合作战中常规导弹力量后勤保障智能决策系统的实际应用具有以下含义：

(1) 智能决策支持系统旨在辅助后勤保障决策者做出决策，而不是试图代替决策者做出决策。

(2) 智能决策系统支持强调人机交互，通过交互，将人工智能的计算求解过程和人的思维过程结合起来，使计算机的严谨性与人的创造性有机地结合起来并有效互换，以完成问题的求解，从而达到帮助后勤保障决策机构更好地选择方案的目的。

(3) 智能决策系统旨在提升后勤保障决策效能，其中首先是提高后勤保障决策的质量，然后则是提高后勤保障决策的效率。

## 13.4 常规导弹力量后勤保障指挥智能决策支持系统的总体结构设计

### 13.4.1 常规导弹力量后勤保障指挥智能决策支持系统的物理结构

联合作战中常规导弹力量后勤保障指挥智能支持系统具有多要素、多用户的特点，其使用者包括后勤指挥员、后勤指挥机构和各后勤业务部门的保障决策人员，为满足多用户的使用要求并实现信息资源的共享，系统应当提供一个要素齐全、前后台分明的网络化应用环境[8]。为体现前台各要素之间独立、后台信息资源集中管理，系统物理结构应当采用"客户机/服务器(Client/Server)"模式的局部网络体系结构。系统分为前、后台两个部分，如图13.3所示。

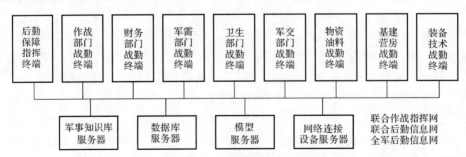

图13.3 联合作战中常规导弹力量后勤保障决策支持系统的物理结构

(1) 前台要素(客户机)。按后勤指挥要素(使用对象)配备，主要包括后勤保障指挥终端、作战部门战勤终端以及财务、军需、卫生、交通运输、物资油料、基建营房、装备技术等后勤管理部门战勤终端(即用户工作站)。工作站上建立统一的用户功能界面,为用户操作使用提供方便,各工作站相互之间具有相对的独立性,同时又具有密切的信息联系,通过网络文件系统和相关的系统服务实现相互通信和信息共享。

(2)后台部分(服务器)。由军事知识库服务器、数据库服务器、模型服务器以及网络服务器和网络连接设备等所构成,主要提供后台的系统服务和有关信息技术保障。其中,军事知识库提供与作战相关的各种知识,满足作战需要;数据库服务器主要是用于集中储存共享信息,并对有关的共享数据库利共享数据文件实施集中管理;模型服务器上要为决策模型的运行提供一个共享的、高性能的处理平台,提高系统软硬件资源的使用效益,确保决策模型的高效、快速处理;网络服务器和网络连接设备主要负责本地局部网络的运行监控和网络打印机等共享资源的集中管理,以及和联合作战指挥网、联合作战后勤信息网等网络实现互连互通,保证常规导弹力量后勤保障对各种信息的需求。

### 13.4.2 常规导弹力量后勤保障指挥智能决策支持系统的逻辑结构

联合作战中常规导弹力量后勤保障智能决策支持系统是由多功能协调配合构成的支持整个决策过程的计算机综合集成应用系统[9]。从总体上看,智能后勤保障决策支持的应用功能可以归纳为数据收集与提取、模型表示与处理、方案与调整等主要方面。为支持这些应用功能的实现,提供预定的辅助决策功能,决策支持系统必须包括完整的功能成分,建立合理的逻辑结构如图13.4所示。

从逻辑结构上,本系统可以划分为用户层、会话层、模型层、智能层、工具层和数据层六层。

(1)用户层。本层是一个人机交互、人机一体化决策处理系统,系统的用户主要包括后勤指挥员,后勤指挥机构的财务、军需、卫生、交通运输、物资油料、基建营房、生产管理等各后勤业务部门的指挥员,战勤部门指挥员以及各类战勤助理人员等。

(2)会话层。本层是面向用户提供操作使用界面,用户可通过系统提供的操作使用界面进行人机会话,通过输入变量,获得决策方案。

(3)模型层。本层为决策问题提供专门的辅助决策模型,包括减员率与战损率预计模型、后勤保障需求预测、后勤保障能力评估、后勤保障计划、后勤保障道路优化、应急情况决策等相关模型及专家决策程序。专家决策系统既是相对独立的工作系统,又是系统智能化的重要组成部分,各种决策方案通过专家程序才能获得定性定量综合分析,从而为决策者提供一个客观、全面、智能化的辅助决策方案。

(4)智能层。本层通过推理机对知识的搜索,运用专家决策程序模拟人的思维方式,综合各种信息,将数据层中的各项信息和模型有机地结合在一起,从而为用户提供一个智能的定性定量相结合的决策支持方案。

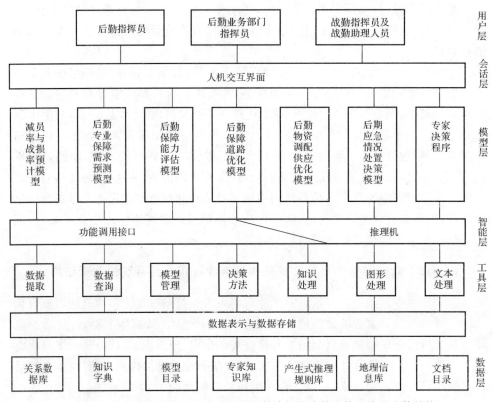

图 13.4 联合作战中常规导弹力量后勤保障智能决策支持系统的总体结构

(5)工具层。这里的工具主要是指保障方案和模型处理过程所用到的功能软件。包括数据提取通用处理软件、数据咨询处理软件、模型管理软件、决策方法(指第5章提到的和不曾提到的方法)处理软件、识别处理软件、地形处理软件(数字地图自动生成与显示、地理情息处理等)、文本处理软件等。

(6)数据层。与模型层及专家决策系统有关的系统资源。如专家知识体系、关系数据库、知识字典、模型目录、方法目录、产生式推理规则库、地理信息库、军标符号库、文档目录等。

### 13.4.3 常规导弹力量后勤保障指挥智能决策支持系统的主要组成

从系统软件构成方面看,联合作战中常规导弹力量后勤保障智能决策支持系统包括人机会话系统、专家系统、模型系统以及数据库系统等。

(1)人机会话系统。人机会话系统的主要任务是提供联合作战中常规导弹力量后勤保障决策者与模型、智能系统之间的人机交互手段,其主要部件包括用户接口、任务控制、请求变换器等。

(2) 专家系统。专家系统是在全面掌握常规导弹力量的战场状况、作战任务、保障特点、保障方式、敌情威胁等情况下,通过推理机模拟人的思维对保障中的非结构性问题进行分析,从而为决策者提供定性的决策方案,其主要部件是专家决策程序、推理机和知识库等。

(3) 模型系统。模型系统的主要任务是针对后勤保障任务中的结构性问题,通过决策模型的表示和处理得到具体的数据,使决策者得到数据提示,为其量化决策方案提供依据。其主要部件包括模型处理软件、模型管理软件、通用算法程序(含数学方法)及数据库接口等。

(4) 数据库系统。数据库系统主要负责有关决策支持数据的产生与管理,其主要成分包括数据库、军事知识库、数据库管理系统、数据查询处理软件及数据提取处理软件等。

## 13.5 常规导弹力量后勤保障指挥智能决策支持系统开发环境

(1) 硬件配置。为改善系统网络运行环境,将网络出口带宽设置为 10 MB 以太网的标准配置,服务器选用专用的 IBM"至强"服务器,包括 1 台网络服务器、1 台应用服务器、1 台空间服务器、1 台数据服务器、1 台分析服务器,其中网络服务器配置为双 CPU 系统,数据服务器用于备份服务,具有自动备份功能,所有服务器处理速度在 1.5 GHz 以上,硬盘存储空间为 40 GB 以上,且系统能满足 50 个并发用户的查询和分析要求。网络中心内部服务器之间通过网络交换机进行数据通信,并在网络出口端设置网络防火墙等硬件设备[10]。

(2) 软件环境。网络操作系统是 Microsoft Window NT 4.0 和 Windows Server 2010;系统需求分析阶段是 Rational Rose 2010;生成原始数据库是 IBM Lotus Notes 群件;生成关系数据库是 Oracle 9X;数据库系统选用 Microsoft SQL Server 2010[11];地理信息数据采用 MGis 平台;邮件服务器采用 Microsoft ExchangeServer 2010;工作站操作系统采用 Microsoft Windows 7;用户界面利用 Boland Delphi[12];系统浏览器是 Microsoft Internet Explorer 5.0 及以上版本;办公套件为 Microsoft Office 2010。

(3) 开发平台[13]:包括 Microsoft Visual Studio NET 2010、Microsoft Visual Basic 6.0、Microsoft Visual C++ 6.0、Microsoft MapObject 2.0、PowerBuilder 8.0、PowerDesigner 9.5、Microsoft Font Page 2000、Arcview 3.1、MapInfo 5.0 及 Dreamweaver 4 等。

(4) 系统网络配置[13]:采用 Microsoft NT Server 为服务器和星形拓扑结构的 100 Mb/s 速率的以太网,采用客户机/服务体系结构,服从 TCP/IP 协议。

## 本 章 小 结

建立联合作战中常规导弹力量后勤保障智能决策支持系统,是未来常规导弹力量在参与联合作战时提高后勤保障效益和后勤保障质量的有效手段,是后勤保障决策者的得力"助手"和高级"参谋"。随着人工智能技术的发展,人们对人工智能决策中的作用寄予了越来越大的希望,以期通过将人工智能引入 DSS 来提高 DSS 的智能程度,增强其支持决策的能力。计算机科学的发展和人工智能问题求解能力的逐步完善,以及计算机硬件速度的不断提高,后勤保障借助现代计算技术和智能方法,形成高效有力的辅助决策手段已经成为一种必然趋势。

## 参 考 文 献

[1] 朱林. 后勤指挥决策支持系统[D]. 北京:后勤指挥学院,2003.

[2] 韩慧君. DSS 智能化的思考[J]. 决策与决策支持系统,1997,7(1):6-12.

[3] 刘明辉. 作战模拟中决策支持技术的研究与实现[D]. 北京:国防大学,2000.

[4] 陈雪峰. 企业智能决策支持系统 IDSS 的研究与设计[D]. 天津:天津科技大学,2003.

[5] 黄平. IDSS 结构的探讨[J]. 决策与决策支持系统,1993(3):158-165.

[6] 陈伟文. 决策支持系统及其开发[M]. 北京:清华大学出版社,1994.

[7] 李长春. 炮兵部署辅助决策系统研究[D]. 兰州:兰州理工大学,2005.

[8] 林建华. 海军后勤指挥决策支持模型的建立与实现[D]. 西安:第二炮兵工程学院,2005.

[9] 戴汝为. 关于智能系统综合集成若干问题的讨论[C]//第三届中国人工智能联合会议论文集. 北京:[出版者不详],1994.

[10] 李新利. 作战模拟术语导读[M]. 北京:国防大学出版社,2004.

[11] 王世云. 指挥自动化基础[M]. 北京:国防大学出版社,2001.

[12] 刘小午. 面向信息化战争的思考[M]. 北京:国防大学出版社,2000.

[13] 朱剑英. 智能系统与非经典数学方法[M]. 武汉:华中科技大学出版社,2001.